# 杰出孩子的快乐成长课

王世杰◎编著

新世界出版社

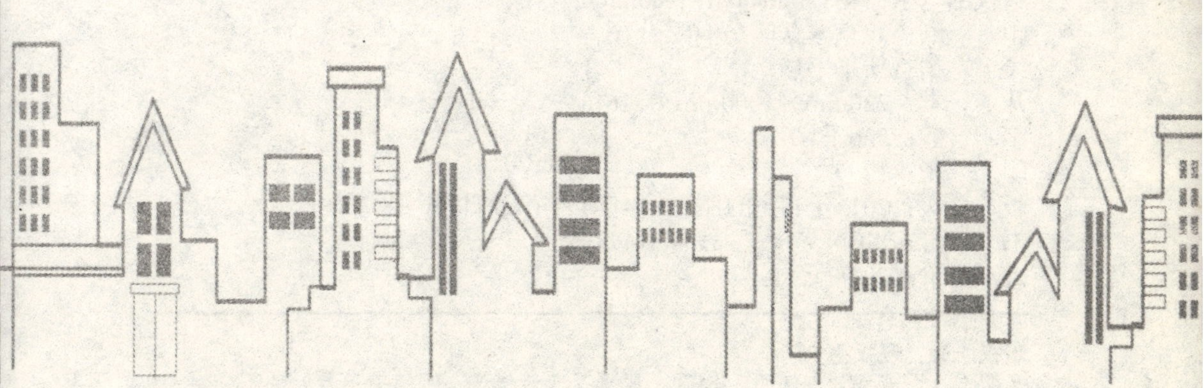

图书在版编目（CIP）数据

杰出孩子的快乐成长课 / 王世杰编著. -- 北京：新世界出版社, 2014.4
（不一样的优秀生系列）
ISBN 978-7-5104-4498-2

Ⅰ. ①杰… Ⅱ. ①王… Ⅲ. ①成功心理–青年读物②成功心理–通俗读物 Ⅳ. ①B848.4-49

中国版本图书馆CIP数据核字(2013)第180255号

杰出孩子的快乐成长课

策　　划：北京华语世图图书中心
作　　者：王世杰
责任编辑：李颖怡　王虎斌
责任印制：李一鸣　刘学伟
出版发行：新世界出版社
社　　址：北京西城区百万庄大街24号（100037）
发 行 部：（010）6899 5968　（010）6899 8733（传真）
总 编 室：（010）6899 5424　（010）6832 6679（传真）
http://www.nwp.cn
http://www.newworld-press.com
版 权 部：+8610 6899 6306
版权部电子信箱：frank@nwp.com.cn
印　　刷：北京龙跃印务有限公司
经　　销：新华书店
开　　本：720mm×1000mm 1/16
字　　数：220千字
印　　张：12
版　　次：2014年4月第1版 2014年4月第1次印刷
书　　号：ISBN 978-7-5104-4498-2
定　　价：20.00元

# 前　言

不要把自己当作一颗默默无闻的小草，努力迎接阳光的你也会像花一样绽放；不要觉得自己和别人没什么两样，不甘于平庸的你要认真活出自己的精彩；不要让悲伤痛苦主宰你的生活，张开双臂，拥抱阳光，让正能量激励我们快乐地成长。

每个孩子都会长大，成长是所有人必经的路程。这一段路或平坦、或崎岖，有雨夜里的大声哭泣，也有晴天里银铃般的笑声。种种酸甜苦辣都是成长道路上独特的滋味。这一切都将成为我们心底最珍贵的财富，陪伴着我们继续向前奔去。无论我们想要什么样的精彩人生，都需要付出艰辛的努力，这些努力换来的巨大的收获将是我们成功人生最坚实的堡垒。

让目标成为指引我们前进的光。人生总是这样一个过程，从呱呱落地到寿终正寝。这一路上我们都想活出自己的精彩，而梦想总会让你的人生闪闪发光。聆听自己的心声，确立自己的目标，这一生便为此奋勇向前。英国人有一句谚语：目标刻在水泥上，计划写在沙滩上。而我们要做的是把那个目标深深地刻在心里，印在脑中。让目标成为我们人生的方向，激励着我们无所畏惧，勇往直前。

努力挖掘我们身上的巨大能量，人的潜能总是无限的。有句话叫作：如果你想做一件事，全世界都会来帮你。只有明确目标，坚定信心，达成目标便不是难事。这个世界上没有什么不可能，只要我们肯努力。面对生活我们总要积极主动，因为当我们带着快乐的心情、坚定的意志去做一件事时，很多潜在的能量会自然而然地发挥出来，这些能量都是我们本身所具备的。相信自己，是金子总会发光，我们所潜藏的巨大能量一定会在我们向成功的顶峰攀爬之时助我们一臂之力。

想到就要去做，不要在遗憾中度过此生。我相信很多人都有过美好的梦想，为什么有的人把梦想握在手掌心里了，有的人却依然碌碌无为呢？这其中的区别就在于他们有没有为梦想去坚持、努力。目标只是一个前提，为目标付出行动才是真正走在通往成功的路上。然而成长路程，风雨兼行，只有真正做到在奋斗的道路上坚持下来的人才会收获最美的彩虹。行动吧，让青春不留遗憾。

在这本书里，我们精心收录了很多有趣的哲理小故事，故事后面附有平易近人的说理文字，给读者留下咀嚼、思考的空间。这些文字有打动人心的力量，从不同角度给青少年读者带来精神上、思想上的启迪，为你将来成为一个杰出的人打下坚实的基础。让我们静下心来慢慢品读这本书，让它带给你奋进的力量，伴你快乐地成长。

# 目 录

## 第一章 孩子，你要学会去爱



## 第二章 讲诚信的孩子最有魅力

## 第三章　尊重他人，尊重自己



## 第四章　用才华赢得别人的尊重



## 第五章　思考会让你脱颖而出

# 第一章

# 孩子，你要学会去爱

# 爱的循环

一天傍晚，华先生驾车回家。冬天迫近，寒冷紧裹着他，一路上冷冷清清。天开始黑下来，还飘起了小雪，他得抓紧时间赶路。就在此时，他看到路边有一个徘徊的老太太，看得出老太太需要帮助，于是，他将车开到老太太的奔驰车前，停下来。

虽然他面带善意的微笑，但她还是有些担心：一个多小时了，也没有人停下来帮忙。他会帮助她吗？

老太太站在寒风中一动不动，他看得出她有些害怕，只有寒冷和害怕才会让人这样。

“我是来帮助你的，老妈妈。你为什么不到车里暖和暖和呢？顺便告诉你，我叫华。”他说。

她遇到的麻烦不过是车胎瘪了，华爬到车下面，找了个地方放上千斤顶，又爬进去一两次。结果，他弄得浑身脏兮兮的，还伤了手。当他拧紧最后一个螺母时，她摇下车窗，开始和他聊天。她说，她从圣路易斯来，只是路过这儿，对他的帮助感激不尽。华只是笑了笑，帮她关闭后备箱。

她问他该付多少钱，出多少钱她都愿意。华却没有想到钱，这对他来说只是帮助需要帮助的人，因为过去在他需要帮助时有许多人曾经帮助过他。他说，如果她真想答谢他，就请她下次遇到需要帮助的人时，也给予帮助，并且“想起我”。

他看着老太太发动汽车上路了。天气依然寒冷，但他在回家的路上却很高兴，开着车消失在暮色中。

沿着这条路行了几英里，老太太看到一家星巴克，她决定喝一杯咖啡，驱驱寒气，再继续赶路。

侍者走过来，面带甜甜的微笑递给她一条干净的毛巾，以擦干她湿漉漉的头发。老太太注意到女侍者已有近8个月的身孕，但她的服务态度并没有因为过度的劳动和身体的不方便而有所改变。

老太太吃完饭，拿出一百美元付账。女侍者拿着这一百美元去找零钱，而老太太却悄悄出了门。当女侍者拿着零钱回来时，正奇怪老太太去哪儿了，这时她才注意到餐巾上有字。“你不欠我什么，我曾经跟你一样，有人曾经帮助过我，就像我现在帮助你一样。如果你真想回报我，就请不要让爱之链在你这儿中断。”女侍者热泪盈眶。

虽然还要清理桌子、服侍客人，但这一天女侍者都坚持下来了。晚上，下班回到家，躺在床上，她心里还在想着那钱和老太太写的话。老太太怎么知道她和丈夫需要钱呢？孩子下个月就要出生了，生活会很艰难。她知道她的丈夫是多么焦急，当丈夫走到她旁边时，她给了他一个温柔的吻，轻声说：“一切都会好的，我爱你，华！”

原来正是华的妻子得到了华曾经帮助过的人的爱，爱如此简单，只要我们有爱，那么就把爱播种下去，让爱无限的循环下去吧！

### 给孩子的心灵启示

如果你播种爱的种子，给予你所能给予的，那么，爱之果必会循环回报给你。“爱”在与他人之间不停地循环运转，使所有的人都得到“爱”的实惠。把爱的种子传播出去，它必将影响一个人的心灵，如果每个人都能播种爱，传播爱，那一个小小的善举就能改变世界。

# 父母的爱

不久前，凯文住了二十多年的房子租约到期了。按法律规定，房主有权将房租上涨到目前房租市价的平均价格，也就是说比原先涨了1.5倍。如果他不续签租约，就必须在一个月之内搬走。凯文专业从事摄影和绘画，他从来没有挣到过很多钱，只能支付自己简单的日常开销。他出生在一个清贫的法国家庭，父母以前都是普通的公司职员，现在已经退休了，靠微薄的退休金生活，并没有太多的积蓄。

这可愁坏了凯文。他支付不起昂贵的房租，但职业要求他必须有一间大的工作室来安置摄影器材、照明设备和画具。一个周末凯文回父母家去吃中饭。为了不让年迈的父母担心，他虽然心事重重，却强作欢颜。但母亲还是察觉到他的异样，轻声问道："你是不是遇到了什么困难？"凯文忽然觉得自己变成了一个受了委屈的小孩子，泪水在眼眶里转，把事情全告诉了母亲。凯文的母亲却异常平静地回答："咱们想办法，没有过不去的关，你别太烦恼。"凯文沉默了，心里说："你们哪里有办法帮我呀？"

午饭后，凯文推辞说要去散步，匆匆走出了父母家。当他推开自己的家门，听到电话铃声，还没来得及接，留言录音就启动了，他听到父亲的声音："凯文，回来后给我们打个电话。"凯文以为出了什么事情，立刻又返回父母家。

父亲笑盈盈地为他打开了门，说："孩子，你明天就去找一家售房公司，委托他们找一座100万之内的房子，一定要大，这样你就能有一间面积大的工作室，这很重要！”

凯文愣了，他想父亲一定是在开玩笑。100万，清贫的父母上哪去找100万为他买房子？

父亲打开一瓶红酒，和凯文坐在沙发上对酌，慢悠悠地说：“现在我要告诉你一个秘密。”

“45年前的一天，我的老板让我开车送他去银行。平常他总让我在银行门口等他，可那天他让我拎着一只很沉的皮箱，直接送到一间办公室内。一位银行职员热情地与他打招呼，老板便打发我去车里等他。在那扇门关严之前，我偶然听到一个股票的名字，就默默地记在心里。第二天我用午饭时间把手头全部现钱凑在一起，都买了那种股票，你妈妈说我发了疯，可我想，老板是玩股票的老手，他一下子买这么多，一定错不了！你瞧，现在这笔钱够你买房子啦！”听完父亲的叙述，凯文感慨万千。想到这些年来父母总是勤俭节约，却偷偷地存了这么一大笔钱为自己买房子！

两个月后，凯文在新居举办了个人作品展。他的父母送来了贺卡，上面写着：“记得你5岁那年，在街上路过一家玩具店。那华丽的橱窗里摆着一套精美的积木，盒子上画着一幢漂亮的房子。妈妈看得出，你很喜欢那盒积木，但你却没开口要，因为你知道我们不可能买那么昂贵的东西。你从小到大从来没有向我们要求过任何东西，你是一个体贴人的孩子，更是一个懂得自尊的孩子！今天你有了自己的房子——世上最美、最温暖的房子！这是爸爸妈妈给你的礼物，我们永远爱你！”

### 给孩子的心灵启示

故事里凯文的父母省吃俭用了一辈子，在关键的时刻却可以拿出一大笔钱帮助凯文渡过难关。这是做父母的智慧，更是对凯文的爱。父母对子女的爱永远是无私和伟大的。我们要理解父母的苦心，也要相信，无论遇到什么样的困难，家永远是最温馨的港湾和避难所。

# 让小爱心实现别人的大愿望

家住杰克逊维尔的莱波里诺的妻子在一年前因患重病去世了，只剩下他和他的儿子相依为命。为了给妻子治疗他们花光了家里所有的钱。如今他们根本没有任何积蓄，只能靠领救济金度日。

圣诞节快到了，五岁的儿子让爸爸带他去邮局给圣诞老人寄了一封信，他在信上说，他很期盼圣诞那天爸爸可以用自行车带着他到游乐园玩，所以他希望圣诞老人会送给他们一辆自行车。信发走后，儿子每天都会怀着无限期待地问莱波里诺："爸爸，圣诞老人会收到我的信吗？"

面对儿子的天真，莱波里诺重重地点了点头，安慰儿子说："当然会的，圣诞老人最喜欢你这种懂事的好孩子了，他一定会满足你的愿望的。"

但莱波里诺心里却暗暗发起愁来。眼看圣诞节就到了，到哪去弄一辆自行车满足儿子的心愿呢？

圣诞节前夜，莱波里诺依然空手而归，他欺骗儿子说："圣诞老人给你送来圣诞礼物了。"

儿子兴高采烈地问："在哪儿？"

他告诉儿子："不过，我把那辆崭新的自行车放在公园草坪上，进了趟厕所的工夫，它就不翼而飞了。"

儿子的脸上露出了失望的表情。

莱波里诺于心不忍，为了安慰儿子，他说："爸爸张贴几张寻物启事，也许会有人把自行车送回来。"于是他真的写了张告示，贴到了公园门口，但上面的内容并不是寻物启事，而是儿子的心愿。

平安夜，父子俩围坐在桌前，忽然传来一阵敲门声，开门一看，没有人，只有一个信封放在门口，里面装了200美元。信封里还有一张便条，上面写着："圣诞老人祝你们父子俩开心。"这件事让莱波里诺感动极了。但事情并没有到此结束，接下来的几天，他又收到了好心人送来的10辆自行车。

最后，他只留了一辆，其他车子都送给需要它的人了。

他问儿子："你知道圣诞老人的真实姓名吗？"

天真的儿子摇了摇头，问："他叫什么呀？"

他重重地从嘴里吐出一个字："爱。"

**给孩子的心灵启示**

莱波里诺本来只是为了安慰儿子而贴了几张告示，却没想到有许许多多陌生的好心人献出了爱心，实现了孩子的心愿。有时候，我们献出的一点爱心却可以实现别人的大愿望。不要吝啬你的爱，让它们尽情地释放和传播出来吧！



## 释放爱心，收获希望

一天，一个贫穷的美国小镇男孩为了攒够学费正挨家挨户地推销商品。饥寒交迫的他浑身上下只剩下一角钱了。于是，他决定向下一户人家讨口饭吃。

然而，当一位美丽的年轻女子打开房门的时候，这个小男孩却有点不知所措了。他没有要饭，只乞求给他一口水喝。这位女子看到他饥饿的样子，就倒了一大杯牛奶给他。男孩慢慢地喝完牛奶，问道："我应该付多少钱？”

年轻女子微笑着回答：“一分钱也不用付。我妈妈教导我，施以爱心，不图回报。”男孩说：“那么，就请接受我由衷的感谢吧！”说完，男孩就离开了这户人家。此时的他浑身是劲儿，更加相信上帝和整个人类。原本打算放弃的念头也消失了。

数年之后，那位女子得了一种罕见的重病，小镇上的医生对此束手无策。最后，她被转到芝加哥的大医院，由专家会诊治疗。大名鼎鼎的霍华德·凯利医生也参加了医疗方案的制订。当他听到病人来自的那个城镇的名字时，一个奇怪的念头霎时闪过他的脑际。他马上起身直奔病房。身穿手术服的凯利医生来到病房，一眼就认出了恩人。回到会诊室后，他决心一定要竭尽所能来治好她的病。从那天起，他就特别关照这个曾经对自己有恩的病人。

经过艰苦的努力，手术成功了。凯利医生要求把医药费通知单送到他那里，他看了一下，便在通知单的旁边签了字。当医药费通知单送到女子的病房时，她不敢看，因为她确信，治病的费用将会需要她用整个余生来偿还。最后，她还是鼓起勇气，翻开了医药费通知单，旁边的那行小字引起了她的注意，她不禁轻声读了出来：

“医药费已付：一杯牛奶。霍华德·凯利医生”

喜悦的泪水溢出了她的眼睛，她默默地祈祷着：“谢谢你，上帝，你的爱已通过人类的心灵和双手传播了。”

### 给孩子的心灵启示

人要学会爱自己，也要学会把爱从心间释放出去。正如故事里的女主人公，她只是出于本能的爱心给了小男孩一杯牛奶，却温暖和改变了他的一生，也在数年后为自己带来了意想不到的收获。

有时候，我们散发的一点点爱心也许给他人带来的是一大束光，一个无所求的善举往往会给我们带来惊喜的回报。做一个有爱心的人，敞开心扉去爱他人，这是值得每一个孩子用一生去练习的事情。

# 爱的拥抱

李·夏普洛是个已经退休的法官，他天性极富爱心。终其一生，他总是以爱为前提，因为他内心深知爱是最伟大的力量。因此他总是拥抱别人。人们给他取了个“抱抱法官”的绰号。甚至车子的保险杠都写着：“别烦我！拥抱我！”

大约6年前，他发明了所谓的“拥抱装备”。外面写着：“一颗心换一个拥抱。”里面则包含30个背后可贴的刺绣小红心。他常带着“拥抱装备”到人群中，借着给一个红心，换一个拥抱。

一天，李·夏普洛的朋友南西·詹斯顿来拜访他。她是个职业小丑，身着小丑服装，画上小丑的脸谱。她来邀请李·夏普洛带着“拥抱装备”，一起去残疾之家，探望那里的朋友。他们到达之后，便开始分发气球、帽子、红心，并且拥抱那里的病人。李·夏普洛心里觉得很难过，因为他从没拥抱过临终的病人、严重智障或四肢麻痹的人。刚开始很勉强，但过了一会儿，南西和李·夏普洛受医师和护士的鼓励之后，便觉得容易得多了。

数小时之后，他们终于来到了最后一个病房。在那里，李·夏普洛看到他这辈子所见过情况最糟的34个病人，顿时他的情绪变得十分复杂。他们的任务是要将爱心分出去，点亮病人心中的灯火，于是李·夏普洛和南西便开始分送欢乐。此时整个房间挤满了被鼓舞的医护人员。他们的领口全贴着小红心，头上还戴着可爱的气球帽。最后李来到最后一个病人李奥·纳德面前。李奥穿着一件白色围兜，神情呆滞地流着口水。李·夏普洛看他流着口水，对南西说："我们跳过去别管他吧！"南西回答："可是他也是我们的一个朋友啊！"接着她将滑稽的气球帽放在李奥头上。

李·夏普洛则是贴了一张小红心在围兜上。他深呼吸一下，弯下腰抱一下李奥。突然间，李奥开始嘻嘻大笑，其他的病人也开始把房间弄得叮当作响。李·夏普洛回过头想问医护人员这是怎么一回事时，只见所有的医师、护士都喜极而泣。李·夏普洛只好问护士长发生什么事了。他永远不会忘记她的回答："23 年来，我们头一次看到李奥笑了。"

**给孩子的心灵启示**

李·夏普洛的一个拥抱让李奥 23 年来第一次露出了笑容。其实每个人坚强的外表下都有一颗柔软的心，这颗心有它的敏感和脆弱之处，有时候只是一个拥抱和一句暖心的话就可以让我们的心里明亮起来。这本来就是一个互拥取暖的世界。



## 爱的传递

在一个矿上，有这样一个现象，在一个平常的早点摊上，常常有很多矿工来吃早点，奇怪的是，有 12 个人他们始终如一，雷打不动的每天来吃。原来事情是这样的。

有一个矿工，在工地干活时发生了意外，导致死亡。包工头给了一笔少得可怜的抚恤金，就不再过问矿工妻儿的生活。

妻子在丧夫之痛后感受到的是来自生活上的压力。她无一技之长，只好收拾行装准备回到那个闭塞的小山村去。这时矿工的队长找到了她，告诉她说矿工们都不爱吃矿上食堂做的早饭，建议她在矿上支个摊儿，卖些早点，一定可以维持生计。矿工的妻子想了一想，便点头答应了。

于是一辆平板车往矿上一支，早点摊儿就开张了。8 毛钱一碗的豆腐脑热气腾腾，开张第一天就一下来了 12 个人。随着时间的推移，吃豆腐脑的人越来越多。最多时可达二三十人，最少时从未少过 12 个人，而且风霜雨雪从不间断。

时间一长，许多矿工的妻子都发现自己的丈夫养成了一个雷打不动的习惯：每天下井之前必须吃上一碗豆腐脑。妻子们百般猜疑，甚至采用跟踪、质问等种种方法来探求究竟，结果均一无所获。甚至有的妻子故意做好早饭给丈夫吃，发现丈夫仍然去早点摊吃上一碗豆腐脑。妻子们百思不得其解。

直至有一天，队长刨煤时被哑炮炸成重伤。弥留之际，他对妻子说："我死之后，你一定要接替我每天去吃一碗豆腐脑。这是我们队 12 个兄弟的约定。自己的兄弟死了，他的老婆孩子，咱们不帮谁帮？"

爱总是在点点滴滴的生活中感动人，世界也因为爱而变得更加温暖。

从此以后，每天早晨，在众多吃豆腐脑的人群中又多了一位女人的身影。来去匆匆，人流不断，而时光变幻之间唯一不变的是不多不少的 12 个人。

时光飞逝，当年矿工的儿子已长大成人，而他饱经苦难的母亲两鬓斑白，却依然用真诚的微笑面对着每一个前来吃豆腐脑的人。那是发自内心的真诚与善良。更重要的是，前来光临早点摊儿的人，尽管年轻的代替了年老的，女人代替了男人，但从未少过 12 个人。十几年岁月沧桑，依然闪亮的是 12 颗金灿灿的爱心。

**给孩子的心灵启示**

矿工们为了帮助自己逝去矿友的妻儿，多年来坚持去她开的早餐摊吃豆腐脑，这种感情和坚持实在是令人动容。做到某一天去那位矿工妻子的摊位上吃早餐是容易的，风风雨雨坚持很多年，是一种伟大，而这种伟大正是由善心所搭造起来的！

# 心里面的善良闪闪发光

小张家里新房刚刚开始装修，堆放了满屋的装修垃圾，周末，他去了家附近的劳务市场，准备雇几个清洁工帮忙收拾一下。

刚到劳务市场，一大帮人就倏地围了上来，争着抢着问他是不是要找人干活。最终，小张以五十元的价格雇佣了一名年轻的小伙子和一名看起来朴实憨厚的中年男人。不大一会儿，两个人就将小张家里清洁得干干净净。那个中年人，明显经验和方法足，干起活来比小伙子麻利多了。临结束时，中年人还顺带着把地板也擦了擦。

小张给了他们每人二十五元钱，但这个时候中年人提出了质疑，说自己干的活多，应该多分一点；小伙子干的活少，应该少拿。小张没有让小伙子少拿五元，又掏了五元给了那个中年人，他才心满意足。

过了一段时间，小张家的新房正式装修完毕，需要从里到外擦拭一遍。他又到了劳务市场，结果上回帮他清理垃圾的那个中年人一眼就认出了他。尽管他上次要求比小伙子多要五块钱的表现让小张心里有些不舒服，但是在和另外一个接活的中年妇女进行比较以后，小张还是选择了他，因为他干活确实又快又干净。

但没想到的是，中年人犹豫了一下，竟然说不想干了。小张一下子怒了，正要发火，中年人将他拉到一旁解释说，上次之所以争着多分点钱，是因为他干的活确实多，而且那个小伙子比他年轻，还未结婚，家庭压力小。而这次因为那个女人家境比他更困难，这点钱，不如让她一个人赚。

小张愣了，一下子明白了他的良苦用心。他带着调侃的语气说："要是这样，那不如你帮她一起做了，然后不拿一分钱岂不更能帮助她减轻负担？"

"这哪能呢。"男人讪讪一笑，"要是那样，岂不刺伤了她的尊严？"男人说完，向小张打了个招呼就匆匆离开了。

小张望着他离去的背影，看着他穿着的那套脏衣服，心里想，这个中年人会因为生活的窘困和艰难，会为蝇头小利而披上斤斤计较的斑驳外衣。但同时，在貌似计较的外衣里面，内心的深处，善良却也一直在熠熠生辉。



**给孩子的心灵启示**

爱，在原本的汉字中是有心的，这有着很深的含义，爱从心里发出，然后流到别人的心里，在人与人之间搭建起一条长长的爱心之桥。故事里面中年人的前后变化令人感动。生活所迫会让他对每赚的一分钱都有所算计。看似小气而自私，但在关键时刻却又流露出善良的本质。这种善的力量是强大的，也是应为我们每个人所尊重的。

## 唤醒人心深处的美好

列车乘警经常接到旅客报警，说他们晚上熟睡以后经常被小偷扒走财物，防不胜防。乘警决定要抓住这个小偷。

有一天深夜巡逻时，乘警发现一个年轻人正将手伸进一位熟睡乘客的口袋，乘警大喊一声，立即追了过去。小偷向餐车方向逃跑。乘警知道，火车正在飞奔，小偷是不敢跳车的，除非他是疯子。乘警渐渐放慢了脚步，开始用对讲机和餐车那头的乘警联络。

可正在这时，火车突然停了，只见小偷迅速地跃上一个敞开的窗口。当时乘警心想，完了，这家伙要逃掉了。

就在小偷准备跳下去的时候，听到一个男孩的尖叫声。他回头一看，原来是刚才急刹车时男孩一头撞在了车厢上，鲜血直流。小偷犹豫了一下，从窗口上跳了下来，一把抱起小男孩奔往列车医务室。

小偷被乘警抓住了，可乘警说这个小偷真是太幸运了。乘客们都有些不理解。接着，乘警说了一句让大家心惊肉跳的话："因为火车所在的地方，两边都是万丈深渊。"

如果小偷没有那一个回头的举动，那么他的生命也就再也没有回头的机会了。是小孩的惊叫声触动了他人性中最柔软的部分，他在救助别人的同时也拯救了自己的生命。小偷的"善"在拯救别人生命的同时，也拯救了他的"恶"，让他避免了陷入深渊的厄运。

### 给孩子的心灵启示

世界上没有绝对的"好"与"坏"，因此也就没有绝对的好人和坏人。从这个意义上可以这样认为，即使是一个被认为十恶不赦的人，在他的心底也会埋藏着好的东西，在某一个时刻、一个微妙的时机、一件小事，也许会点燃人性深处最美的那一部分。

# 小吃店的好心人

中午，一家小吃店里，客人都已散去，老板正要喘口气翻翻报纸，有人走了进来，是一位老奶奶和一个小男孩。

“肉汤饭一碗要多少钱？”奶奶坐下来拿出钱袋数了数，叫了一碗热气腾腾的汤饭，将碗推向孙子面前。

小男孩吞了吞口水望着奶奶说：“奶奶，您真的吃过午饭了吗？”

“当然了。”奶奶含着一块萝卜泡菜慢慢咀嚼着说。

一晃眼功夫，小男孩就把一碗饭吃个精光。

老板看到这幅景象，走到两个人面前说：“老太太，恭喜您，您今天运气真好，是我们的第100个客人，所以这一餐免费。”

第二天中午，小男孩蹲在小吃店对面像在数着什么东西，老板抬头望去，吓了一大跳。原来小男孩每看到一个客人走进店里，就把小石子放进他画的圈圈里，但是午餐时间都快过去了，小石子却连50个都不到。

看到这一幕，心急如焚的老板立即打电话给所有的老顾客：“很忙吗？——没什么事，我要你来吃碗汤饭，今天我请客。”像这样打电话给很多人之后，客人们开始一个接一个地到来。“81、82、83……”小男孩数得越来越快了。终于当第99个小石子被放进圈圈的那一刻，小男孩赶忙拉着奶奶的手进了小吃店。

看见他们吃得那么开心，一直看着他们的老板笑了。

给孩子的心灵启示

小吃店的老板是真正的好心人，这样帮助人的做法不会让祖孙俩有太大的负担，看着他们开心，自己也从中得到了快乐。对人友善远比你所受的教育、你的信誉、金钱更重要。友善地待人、好的修养与温顺的性格比聪明伶俐更有益青少年的成长。

# 让你的善良照亮世界

古时候，一个考取功名的读书人走到了一个荒僻的村落中。到了晚上，漆黑的街道上，络绎的村民们在默默地你来我往。读书人转过一条巷道，他看见有一团晕黄的灯光正从巷道的深处静静地亮过来。身旁的一位村民说："瞎子过来了。"

读书人百思不得其解。一个双目失明的盲人，他没有白天和黑夜的一丝概念，他看不到鸟语花香，看不到高山流水，也看不到柳绿桃红的世界万物，他甚至不知道灯光是什么样子的，他挑一盏灯笼岂不令人迷惘和可笑？他这样做对于自己来说是一点意义都没有的，为什么还要去做呢？

那灯笼渐渐近了，百思不得其解的读书人问："敢问施主真的是一位盲者吗？"那挑灯的盲人告诉他："是的，从踏进这个世界，我就一直双眼混沌，看不到任何东西。"

读书人问："既然你什么都看不见，那你为何挑一盏灯笼呢？这样做是没有意义的啊！"

盲者说："现在是黑夜吧？我听说在黑夜里没有灯光的映照，那么满世界的人都和我一样是盲人，看不清世界是黑是白，所以我就点燃了一盏灯笼。”

读书人若有所悟说：“你真是伟大，原来你是为别人照亮，你这样的行为真是令人敬佩啊！”

那盲人却说：“不，我不仅为了别人，也是为了我自己！”

“为你自己？为什么呢？这跟你有什么关系呢？”读书人又愣了，不解的挠着头。

盲者缓缓问读书人说：“你是否因为夜色漆黑而被其他行人碰撞过而使自己受伤呢？”

读书人说：“是的，就在刚才，还被两个人不留神碰撞过，还踩到我的脚，现在还痛呢！”

盲人听了笑着说：“你发生的那种状况我没有。虽说我是盲人，我什么也看不见，但我挑了这盏灯笼，既为别人照了亮，也更让别人看到了我自己，这样，他们就不会因为看不见而碰撞到我了。”

读书人听了，顿有所悟。于是读书人仰天长叹说，我苦读诗书，天涯海角奔波为的是能考取功名，做官造福百姓，一直以为是为了天下苍生，原来更是为了我自己啊！

## 给孩子的心灵启示

人的美德没有再比和气、善良来得更宝贵了。故事里的盲人在帮助别人照亮世界的同时，也帮助了自己。善心并非是为了求得谁的回报，其实你在发善的同时，本身就已经得到福报了。常向他人施以援手，尽心尽力服务他人，是最大的行善，也是爱人之心最强的体现。

# 生命的意义在于奉献

他原先是一个面相凶恶的人，留着一头剪得极短的头发，走起路来摇摇晃晃。后来，在孟菲斯发生黄热病灾难时，他向有关机构提出，要求担任护理人员的职务，但医生一开始没有答应。

“先试用一个星期吧！”这个人坚持着，“我想成为护理人员，如果你觉得满意，再给我付酬，如果你不满意，再把我辞掉。”

“好吧，”医生说，“我就试着录用你，尽管我认为这样做不合适。”那医生这时还在心里对自己说，“我会时刻盯着他的。”但是，不久这个人就用自己的行动证明了他根本就不需要任何人监督。

几个星期后，他就成为了这个勇敢团体中最出色的护理人员。在这场瘟疫疯狂蔓延过的地方，总有他努力工作的身影。患病的人因此非常爱戴他。对那些被命运遗弃的人来说，他那张粗糙的脸简直就像天使。

发工资的时间到了，他却表现得非常不同凡响。他经过后面的街道走到一个隐蔽的地方，那里放着一个为黄热病患者所设的救济箱。有人看见他把自己整星期的工资都放进了那个救济箱。遗憾的是，不久以后他也在这场瘟疫中感染上了黄热病死去了。然而，就在这时人们才发现他身上有一块青灰色的烙印——原来这个护理人员曾经是一个被定了罪的重罪犯。

由于没有人知道他是谁，所以他的尸体只得被安葬在一个无名的坟地中。

这个面相凶恶的医护工作者始终保持着宝贵的奉献精神，理所当然应受到世人的尊敬。这种品质，使得一个人区别于其他人，虽然埋葬在无名坟地，但却会被人们永永远远地记在心里。

### 给孩子的心灵启示

在一个灵魂最为崇高的人生旅程中，自我奉献的品质永远不会被超越。如果能坚持正确的信仰，那么，这种信仰必然能发展他的能力，增强他的精力，提高他的自尊，使他的品格变得更为稳固，并且会增进他的利益，帮助他拓展成功的前景。

# 第二章

# 讲诚信的孩子最有魅力

# 诚信是一张无形的名片

这天，百事可乐公司的总裁卡尔·威勒欧普在快要下班的时候接到市长邀请他参加晚宴的电话，他毫不犹豫地谢绝道：“很抱歉，我已经和女儿约好今晚陪她过生日。我不想做一个失约的父亲。”走出办公大楼，卡尔去为自己的女儿选了生日礼物，驱车直奔市中心新开业的游乐园，去那里与妻子一道为女儿过生日。

为避免打扰，卡尔和妻子都将手机设置成了关机状态，他们全身心地陪伴着女儿，开心地享受着这个愉快的节日。

正在卡尔兴致勃勃地看着女儿吹灭蜡烛开始切分蛋糕的时候，他的助理急匆忙地赶来了。他把卡尔叫到旁边，小声汇报——有一个非常重要的客户，很想在这个晚上与您见一面。

“可是，我早已经答应女儿，今天会整个晚上都陪在她身边。”卡尔面露难色。

“客户此前确实没有与您约好，但他只会在此地做短暂的停留，也是临时决定要拜见总裁的……”助理委婉地建议道。

怎么办？一边是正玩得开心的女儿，另一边是等待约见的重要客户。

如果选择继续留下来陪女儿庆祝生日，公司很可能就会失去一个重要的客户，也会因此失去一些生意。而如果去与客户会面，那么对女儿许下的承诺就将无法兑现。然而卡尔没有犹豫，他转身告诉助理：“我觉得我还是应该留下来陪女儿，你去接待一下这个客户，并转达我真诚的歉意，跟客户约好时间，届时我将会亲自登门拜访。”

“卡尔先生，您是不是先去……”助理再次提醒总裁这个客户实在是太重要了，丝毫不能得罪的。要不然就不会匆匆地找来了。

“爸爸，您先去忙工作吧，妈妈陪我一样很快乐。”得知内情的女儿十分理解父亲，催促父亲去见客户。

“不，我已说过，我不想做一个失约的父亲。今天晚上，市长的宴请和客户的约见，的确都十分的重要，但我一个月前向女儿许下的承诺更重要。”卡尔一脸坚定，让助理打消了继续劝说的念头。

第二天，卡尔上班做的第一件事，就是打电话向那位客户致歉，客户非但没有生气，反而由衷地赞叹道：“卡尔先生，其实我要感谢您，是您让我明白百事可乐公司兴旺发达的真正原因，也让我真切地记住了什么叫作一诺千金。”

此后，卡尔和这位客户竟成了非常亲密的合作伙伴，甚至在公司遭遇变故的时候，也不曾动摇彼此的信任。

### 给孩子的心灵启示

诚信是一张无形的“名片”，它关系到一个人的形象和品质。在现实生活中，有些人“一切向钱看”，不讲诚信，由此使人与人之间的信誉程度降低。事实上，我们每个人都是建设诚信大厦的砖瓦，需要从自身做起，从自己可以把握的每一件小事做起，做到不失信于人，一旦对别人许下诺言就要尽全力去达成。如果确实因为客观的原因而无法完成，就应及时向对方解释清楚，求得对方的谅解；要尽可能本色地做人，不要总是戴着一副假面具与人交往。相信诚信之火定能成燎原之势。

故事中，信守承诺，非但没有让卡尔·威勒欧普错过商机，反而让他多了一个更值得信赖的商业伙伴。这就是守信的力量与价值。在生活中谁都想和诚实守信的人交朋友。你只要稍微留意观察就会发现，在你周围那些诚实守信的人，他们的人缘都会非常的好。要想做一个人人都喜欢的男子汉，那么，信守承诺就是你首先要完成的必修课。

# 虚假的世界是冷漠的

在祁县乔家堡村的正中，耸立着一座雄伟壮观的建筑群，这便是乔家大院。一进门，整个住宅就被一条气势恢宏的甬道划分成了许多独立的院落。

大院三面临街，布局严谨，院中有园，园内有院，斗拱飞檐，雕梁画栋。乔家第三代人乔致庸是个不得不提的人物。乔家经营复字号的祖训是"信、义、利"，乔致庸将其诠释为"一是守信、二是讲义、三才是取利"，所以他一生秉持着"人弃我取、薄利广销、维护信誉、不弄虚伪"的经商理念，将乔家事业推向顶峰。关于乔家的诚信经营，最著名的故事莫过于"胡麻油事件"。

"复盛公"是乔家最早开设在包头的商号，之后又增设了"复盛全""复盛西"等多处，这些商号左右着包头的整个市场，因此有"先有复盛公，后有包头城"的说法。当时，复盛西号经营粮油，凭借质量与分量的保证在包头城里站稳了脚跟。

一次，在复盛油坊往山西运送一批胡麻油的途中，经手的伙计为了谋取利益于是在油中掺假。掌柜发现之后勃然大怒，而此时油已经被送往山西。东家乔致庸常常告诫掌柜和伙计们，信誉与财路相连，信誉没了，财路自然也就断了。

情急之下，掌柜来不及请示乔致庸便差人火速赶往山西，命分号的伙计迅速倒掉整批掺假的胡麻油，换成货真价实的胡麻油。这场风波令乔家商号蒙受了巨大的损失，但乔致庸不仅没有责怪擅自做主的复盛西号掌柜，反而奖赏了他。当众倒掉掺假油的举动为乔家字号赢得了诚信不欺的美名，也为乔家吸引到了更多的商户。

### 给孩子的心灵启示

何为诚信？诚信是什么？从道德规范来说，诚信就是为人处世真诚、老实、讲信誉，言必信、行必果，一言九鼎，一诺千金。诚信的本义就是要诚实、忠恳守信、言而有信，反对欺诈弄虚作假。

诚信，如阳光普照，暖人心头；如优美乐章，沁人心脾。诚信，是比智慧、纯洁更加精妙的词汇，它不仅同生活起居一样真实，而且能制造出更加高贵朴素的品质和道德思想。诚信还是对自我内心的一种升华，内心唯美是一种柔情。别让诚信只停留在口头上，要有付诸实践的决心，让我们做诚信的把门人，对自己和他人诚信，对自己和他人负责。

诚信是人通往社会的一张必不可少的准入证件。我们设想一下不讲诚信的后果：如果一个政府不讲诚信，那么公民的权利将得不到保障；如果一个商家失去了诚信，消费者的权益何去何从，这个商家的命运就是破产；如果连朋友之间都无法讲诚信，那么人与人之间就没有什么信任了，友情将会变成空谈，整个世界将被冷漠所笼罩。

# 诚信比金钱更重要

1835年，他还只是公司中的一名普普通通的职员。过着再平凡不过的生活，也没有什么特别的奢求，只要可以在稳定的收入之余得到一笔小小的外快就足以让他心满意足。

偶然的一次机会，他签约成为一家小保险公司的股东。因为这家公司不用立即拿出现金，只需在股东名册上签名字即可入股，这样的条件正符合他当时没有现金却又想获得收益的境况，所以就这样他成了这家小保险公司的股东之一。

但是，没过多久，一家在伊特纳火灾保险公司投保的客户就发生了火灾。按照规定，保险公司应完全付清赔偿金。但是那样一来，保险公司就将面临破产。在这个时候，股东们一个个惊慌失措，纷纷要求退股。

只有他没有选择退股，因为他始终认为自己的信誉比金钱更加重要，他不能因此就选择退出股份。为了自己的信誉，他选择承担自己的责任。

为了给投保的客户筹集赔偿金，他开始四处借款，无奈之下他卖掉了自己的房产，低价收购了所有要求退股的股份。并将赔偿金如数返还给了投保的客户。

赔偿金如数返还给客户后，他成为保险公司唯一的所有人，但公司已濒临破产，他干脆打出广告："凡有需要参保伊特纳火灾保险公司的客户，保险金一律加倍收取。"

出人意料的事情发生了。这次客户反而蜂拥而至。原来经过这次事件，让伊特纳火灾保险公司声名鹊起。伊特纳公司在很多人的心目中已经成为最讲信誉的保险公司，这一点使它比那些有名的大保险公司更受欢迎。伊特纳火灾保险公司又再次崛起了。

他就是亿万富翁摩根家族的创始人约翰·皮尔庞特·摩根。



### 给孩子的心灵启示

其实，成就摩根家族的并不是那一场突如其来的火灾，而是比金钱更重要的信誉。

也许，成功的大小没有衡量的标准，但一个人的信誉却是可以衡量的。有的信任度决定了你拥有成功的几率。多一份信任，也就多一份成功的希望和可能。信誉是一个人成功的前提与保证。信守承诺，无论做人还是做事，遵守契约都是最明智的选择。有了诚信，人与人之间就会相互理解，信任，关爱。以诚相待，信守承诺，才能营造出人与人之间的和谐关系。

# 门德尔松的诚信之举

门德尔松是一位富含情感的诗人，是一位善于用情感绘制虚无缥缈抽象画的画家，黑白相间的钢琴键盘便是他的诗句和油彩。门德尔松用一个个绝妙的音符，给我们创造了一个又一个奇幻的世界。

1829 年，年仅 20 岁的门德尔松开始了他第一次的旅行演出生涯。他的行迹遍布欧洲各大城市，当他到英国演出时，由于他的艺术才华，被伦敦人佩服得五体投地，震惊整个伦敦乃至欧洲。消息理所当然地传到了维多利亚女皇那里，女皇对这位天才音乐家产生了兴趣。于是维多利亚女皇盛情邀请门德尔松，特此为他在白金汉宫举行了盛大的招待会。为答谢女皇，门德尔松演奏了几曲，算是为盛宴助兴。月色撩人，夜幕静美，宾客满足地享受着音乐之美，无不为他精彩的曲子所倾倒。女皇也迷失在乐曲之中。当门德尔松演奏完《伊塔尔兹》，维多利亚女皇连声称赞这支曲子，实在是绝美无比，并说："单凭这首扣人心弦的曲子，就证明你是一个惊世骇俗的音乐天才！"参加招待会的宾客更加赞同这个观点。

此时，门德尔松的脸一下子红到耳根，急忙解释："不，不，不，这支钢琴曲不是我作的。"所有在场的人都不相信，都认为他是在谦虚。女皇又称赞说："你不必谦虚，世间只有你这样的天才，才能谱出如此优美的乐章。"随后，门德尔松道出了原委："这支曲子是我妹妹芬妮亚的作品。"

如果门德尔松不去解释，别人永远不知道曲子是门德尔松的妹妹所做，可是真诚的门德尔松却不愿欺世盗名，在众人面前说出了这支曲子的真正作者。之所以一开始不便透露是他妹妹所作，原因是因为门德尔松的家庭不赞成用女人的名字发表作品，所以妹妹才用了门德尔松的名字。

另外，门德尔松出生在德国一个知识分子家庭，许多艺术名人都是他家常客。在这样的环境熏陶下，他和妹妹从小就对艺术有着浓厚的兴趣。并且门德尔松的妹妹芬妮亚资质聪颖，后来她也成了一个了不起的作曲家。

### 给孩子的心灵启示

为人诚实来自一颗正直的心灵，并且打动他人心灵取得双方信任唯有诚实。诚实是人生的一切价值的根本，缺失诚信就等于自断命脉。西塞罗说:“没有诚信,何来尊严？”人们生活在这个社会上,只有讲究诚信,社会各成员之间才能取得相互的尊重和信任，缺乏诚信的人，就更不要说想成功了。也许你的谎言可以一次蒙混过关，但时间久了，必然会露出马脚。诚实是我们为人处世的最好方法。

我们允许一个人犯错，但不可以不诚实。这就像学生时代的考试，如果你考试之前没有复习，做错了题，老师会责怪你不认真，但还会原谅你。但是假如你因为担心成绩不好而抄袭，即便你考试成绩优异，老师也不会原谅你！因为这是一个人的品质问题，与成绩无关。

门德尔松的诚实使他赢得了维多利亚女皇以及在场宾客的尊重和信服，也正是这种诚实的品质使他能够在天才的光环下仍然保持高水平的创作能力，为后世留下了大量唯美自然的音乐篇章。



## 父亲的诺言

墨西哥总统福克斯以其诚实守信的品质备受国人的尊重，他一生的做人准则就是两个字：诚实。也正是这样的人格品质，使他从一个普通的推销员成为一个国家的总统。

有一次，福克斯受邀到一所大学演讲，一个学生问他：“在你从政的经历中是否撒过谎？”福克斯说：“没有，从来没有。”大学生们在听过这个答案后便在下面窃窃私语，有的还轻声笑出来，因为每个政客都会这样表述。就像被专业训练过的演员一样，他们总是发誓，说自己从来没有撒谎。福克斯面对这种情景并不气恼，他对大学生说：“孩子们，在这个社会上，也许我很难证明自己是个诚实的人，但你们应该相信，这个世界上还有诚实，而且诚实一直都在我们的周围。我想讲一个故事，也许你们听过就忘了，但是这个故事对我却是意义重大的。”

有位父亲是个农场主。有一天，他觉得园中的那座亭子太过破旧，就准备安排工人将它拆掉。农场主的儿子对拆亭子这件事很感兴趣，于是对父亲说：“爸爸，我想看看你们怎么拆掉这座亭子，可以等我从学校放假回来再拆好吗？”父亲答应了。

但等孩子走后，父亲因为疏忽，忘记了之前对孩子的承诺，就让工人们把亭子拆掉了。

孩子放假回来后，发现旧亭子不见了，便闷闷不乐地对父亲说：“爸爸，你对我撒谎了。”

父亲惊讶地看着孩子。孩子继续说：“你说过，那座旧亭子要等我回来再拆。”

“对不起，我的孩子，爸爸错了，我应该兑现自己的诺言。”

于是这位父亲重新将工人请来，让他们将原来的那个旧亭子重新建好。恢复原貌后，父亲把孩子叫来，然后对工人们说：“现在，请你们把它拆掉吧。”

福克斯说，我认识这位父亲，他虽不富有，但他在孩子面前实现了自己的承诺。

学生们听后问道：“请问这位父亲是谁？我们希望认识他。”福克斯说：“他已经过世了，但是他的儿子还活着。”

“那么，他的孩子在哪里？他应该是一位诚实的人。”福克斯平静地说，“他的孩子现在就站在你们的面前，那就是我，墨西哥总统福克斯。我想告诉大家的是，我愿意像我的父亲对我一样对待这个国家的每一个人。”

台下顿时掌声雷动。

### 给孩子的心灵启示

诚实是一条自然法则。一个言行诚实的人，能够无愧疚、无畏缩地面对世界。福克斯总统的父亲能将一座亭子拆建两次，绝不仅仅是为了满足一个孩子的愿望，更是为了达成一个人自我完善的道德要求。这座重建的亭子也是对诚信的信念的重新建造。

诚实，是一种美德，是一种非凡的自信，是一种力量的象征。它是道德与人格最起码的标准，也是人生的至高境界。它是做人的起点，也是生命的归宿。不论是谁，一旦偏离了“诚实”二字，就没有资格奢谈什么情操、襟怀、气节、禀赋等为人的修养与品格。



## 许衡的做人原则

南宋末年有位名叫许衡的年轻人，因聪明勤奋而在当地颇为知名。这正是一个炎热的夏天，烈日像火球一样炙烤着大地，许衡独自一人在烈日下赶路。

由于长时间抵抗着烈日，汗流浃背的许衡，口干舌燥。这时，他遇到了几个商贩正在一棵大树下乘凉，那帮商贩同样又热又渴，这个时候大家最需要的就是水。

恰逢此时，远处跑来一个人，怀里捧着一堆梨子朝大家喊道：“前面有梨园子，大家快去摘来解渴啊。”商贩们一听，赶忙收拾东西跑去摘梨，只有许衡没有动。

见此情景商贩奇怪地问："你为什么不去摘梨？"

许衡问道："梨树的主人在吗？"

商贩们都说："不在，但天气这么热，摘几个梨解渴没什么大不了的，赶快去吧。"

许衡认真地说："梨树现在虽然没有主人看管，但是我们自己的心是要有约束的，心有约束，不是自己的东西，又没经主人允许，绝不能去占为己有的。"

商贩们没有一个人理会许衡，纷纷跑去摘梨。许衡见状，只好无奈地独自走了，他忍着炎热继续赶路。而那些吃到梨的商贩们则纷纷讥笑他是个愚人，笑他不懂变通。

许衡恪守自己的原则，终成为宋末元初著名的学者。

## 给孩子的心灵启示

诚信是做人的基本准则，是衡量一个人成功与否和价值体现的重要标准，甚至说公民的诚信能够反映一个国家的价值。一个人诚信与否，与这个人的人生观、世界观和价值观息息相关。只有诚信才能使一个人步入人生的正轨，诚信对人们的影响巨大，在生活中的各个方面都必须把诚信放在首位。只有人人诚信才能使社会各成员之间彼此信任，才能有力地推动精神文明建设和社会的良性发展。

诚信是刻在人们心上的品德和情操。人在生活当中失去诚信，抑或是你的诚信受到身边人的怀疑，那么你将难以融入到这个圈子里去，难以在社会上立足。要记住，小胜靠智，大胜靠德。人生无小事，轻诺必寡信，要为你所说的每一句话负责任，因为这些话语都在铸造着你的个人大厦，其中的材料质量不合格就很可能导致大厦坍塌。

俗话说，七分做人，三分做事。人际关系是生活的根基，否则即使你个人再优秀，没有朋友的合作，孤军奋战，在现代社会想要成功不是一件容易的事情。假如因为诚信缺失，而毁坏了和谐的人际关系，任何本领都是空中楼阁，无法真正创造财富和价值。

# 诚信无价

在格兰特将军的陵墓后边，更靠近悬崖边的地方，有一座极小极普通的墓，那是一个小孩子的陵墓。一个你很可能会忽略的地方，却有着一段传世的故事。

在两百多年以前的1797年。这一年，这片土地的小主人才5岁，玩耍的时候不慎从这里的悬崖上坠落身亡。他的父亲伤心欲绝，于是为了纪念小男孩，就将他埋葬于此，并修建了这样一个小小的陵墓。数年后，家道衰落，父亲不得不将这片土地转让。出于对儿子的爱，他对买下这块土地的主人提出了一个奇特的要求，那就是要求新主人把孩子的陵墓作为土地的一部分，永远都不要毁坏它。并把这个条件写进了契约。新主人答应了。就这样，这个5岁的小孩子的陵墓就被完好地保留了下来。

一百年过去了。这片土地不知道辗转卖过了多少次，换过了多少个主人，但孩子的陵墓仍然还在那里，一个又一个的买卖契约，让它被完好无损地保存下来。直到1897年，这片风水宝地被选中作为格兰特将军陵园。政府成了这块土地的主人，无名孩子的墓在政府手中完整无损地被保留下来，成了格兰特将军陵墓的邻居。这可能是世界上都数得上是独一无二的奇观。

又过了一百年，1997年的时候，为了纪念格兰特将军陵墓建立一百周年，纽约市长朱利安尼来到这里。这也恰巧是小孩去世两百周年的时间，朱利安尼市长亲自撰写了这个动人的故事，并把它刻在木牌上，立在无名小孩陵墓的旁边，才让这个关于诚信的故事世世代代流传下来……

**给孩子的心灵启示**

诚信是无价的。从小长辈们就教我们要诚实守信。假如你失去了财产，那么你只是失去了一点；假如你失去了诚信，那么失去的就是一切！所以我们更应该时时记着诚信，走好自己的人生之路。

一位是声名煊赫的总统，一位是默默无闻的孩童，然而他们只缘于对一份承诺的信守，便成为了永久的邻居。他们只用了一个最平凡的姿态，给诚信二字作了最伟大的注脚。

诚信是一种传统美德，是为人处世的基本准则。若想成就大事业，就必须要讲信用。诚信是我们每个人都应该牢记在心的一种信念，同时，还要靠坚强的决心和实际的行动去诠释这个信念。



## 诚信价更高

在网络商务领域著名的交易网站 eBay 所取得的成功是惊人的。作为规模最大的网上交易社区，从成立开始只用了 5 年的时间销售额就超过了 5 亿美元，接下来，eBay 又以每年 5 亿美元销售额的速度增长，并在创业的第八个年头成功突破了 20 亿美元。

在很大程度上 eBay 的成功依赖于它的电子信誉制度。eBay 在交易结束后规定买卖双方都要为对方作出信誉评分。如果有 2% 以上买家对卖家的服务都不满意，就会影响卖家未来的生意。如果不满意率达到 5%以上，就不会有什么人愿意与其合作了。所以在 eBay 上的每一个卖家都特别重视自己的信誉在交易中也总会提供特别好的服务，甚至比许多实体的商店还要好。

官梅格·惠特曼作为 eBay 的首席执行官认为，如果想要成功运作网上购物公司，那么交换和买卖商品的人必须坚持诚信的原则。大家会在交易完成后仍然在网上交流心得体会，从而形成一个强大的、相互监督的信誉网。eBay 的所有战略都围绕诚信这一点展开，无论业务扩展到多大，都始终强调用户的参与和交流。并且通过制定规则和用户参与，建立起“虚拟社区的诚信体系”。

### 给孩子的心灵启示

如果一个商品可以长期给消费者留有“质量放心”“童叟无欺”的感觉，这个商品自然会在消费者心中树立起良好的形象。产品的质量是“死”物，但是诚信却是一种有灵魂、有内涵的“活”物，因此，如果想成为一名成功的商人，就要把严格遵守“利润诚可贵，诚信价更高”的经商之道。如果青少年也能把“诚”作为自己的处世原则，相信你的一生就会过得踏实而有意义。



## 许诺要慎重

写在纸上的合同可以撕毁，可写在心上的合同却永远撕不毁。一旦我们许下承诺，便应该努力做到，即便是对方已经忘记，我们仍应该履行我们的承诺，实现我们的诺言，肩负起我们的责任。挪威音乐家爱德华·格利戈就曾经有过一个这样的故事。

一次，年轻的格利戈来到乡间的森林里散步，正巧遇到了一个挎着小篮子采集鲜花和野果的 8 岁小姑娘达格妮。他们很快认识了，并且成了好朋友。音乐家心里具有对生活的爱，他敏锐地听到生活中、大自然中的音响。他爱着勤劳的人们——包括这个提着一篮子沉甸甸枞果的小姑娘，爱那些平凡的人——即使她只是一个 8 岁的守林人的女儿，爱那些朝气蓬勃的年轻人——他想把音乐送给无数个像达格妮这样对未来有美好憧憬的年轻人。

当与小姑娘分手时，格利戈抱歉地向小姑娘说，他现在没有礼物可以送给她，但是他却答应要送给她一件礼物，并且说这将是一件很好的礼物，只是他又说这件礼物要等到 10 年以后才能送给她。这使小姑娘达格妮迷惘而又感激。

10 年之后，达格妮已经是 18 岁的亭亭玉立的少女了。这位美丽的守林人的女儿，第一次离开了自己的家乡，来到了祖国的首都奥斯陆，并且第一次走进了一个正在举办露天音乐会的公园里。

突然，她听到了好像又带她走进了故乡的如梦如幻的大森林的美妙旋律，她不禁忽地一下从草地上站立起来。接着，她听到了报幕员向观众报告："下一个节目，是我们的音乐大师爱德华·格利戈的最得意作品《献给守林人哈格勒普·彼得逊的女儿达格妮·彼得逊，当她年满 18 岁的时候》。"顿时，她感到全身沸腾了。

年轻的达格妮不敢相信这份珍贵而伟大的作品属于她，尽管心潮澎湃，可美妙的音乐仍使她不由自主地沉浸其中，乐曲唤起了她的记忆，往事历历在目。她记起了那个在 10 年前散步于她的故乡森林里的青年的承诺，那个青年所承诺的那件最好的礼物，竟是这首肯定会传遍整个挪威的，当然迟早也会传到她的耳际的乐曲。这是一种多么出人意料的应诺方式啊！

音乐家爱德华·格利戈信守了 10 年前的诺言，用一种奇特的方式，将最美好的礼物送给了长大成人的达格妮。

给孩子的心灵启示

承诺别人的事情一定要做到，这是一个人最基本的做人准则。当你实现了你的承诺，别人也会因为这实现的承诺而感到高兴，你也会因此而收获一笔丰厚的诚信财产，这将会让你的成长受益无穷。

因而，在生活中，当我们对一件事进行许诺的时候，一定要慎重地对待，因为你的诺言价值千金，无论对任何人都是一样。一个人一旦作出了郑重的承诺，就应该想方设法地实现它，而不应该寻找任何理由来为自己推脱。

每一个人都应该遵守自己做过的承诺。试图违背只会让自己更加被动，不仅赔了损失还要赔上信誉。

## 在最困难的时候也要守住诚信



在美国，有一位普通的家庭主妇，她叫凯瑟琳·克拉克，她开了一个家庭小面包店。她当初开店的原则是“诚实不欺”，专门销售“最新鲜的食品”。这就是她非常朴实的“广告”。她每天在面包上注明生产日期，公开宣布绝不卖超过三天的面包，若有人发现出售有超过三天的面包，当众奖励1000美元，结果生意越来越兴隆。

有一年秋天，加州发生了水灾，面包缺货，该店连日加班生产，但是有的地方因为洪水阻隔和路途遥远，有些面包运到目的地时已经过了三天的期限。按照该店的宗旨，凡是超过三天的面包，绝对不能出售，凯瑟琳就派人把过期的面包拉回来销毁。

一次，运货员从几家偏远的商店收回了一批过期的面包，在回来的途中被一些饥民拦住，他们提出要购买车上的面包。运货员恪守公司的规定，说什么也不答应，这引起了饥民的一致抗议。他们围住货车，说什么也不让车走，于是双方发生争执，人也越来越多。

这时，几个新闻记者路过此地，纷纷前来探明原因。运货员无可奈何地说："我们老板有严格规定，严禁在任何情况下将过期的面包卖给顾客，如果明知故犯，将被开除。我们实在没办法啊！"

记者听了，对运货员忠于职守，严格按公司规定行事十分赞赏，但也想不出很好的解决办法。这时，运货员想到了一个"两全其美"的办法。顾客可以假装"抢劫"面包，我假装"尽力"阻拦。如果顾客拿了面包，又留下了钱，抢劫面包不就变成强买面包了吗？非常时期，强买应算不得什么大事。

运货员的话刚说完，在场的人一拥而上，将车上的面包"强买"一空。运货员假装阻拦，记者举起相机，拍下了这一动人的场面。

几天后，各大报纸纷纷报道此事，成为轰动一时的新闻，引起了无数人的称道。凯瑟琳面包店信守许诺，宁可将过期面包收回，也不违反原则的事迹给人们留下了深刻的印象。

当经济恢复之后，凯瑟琳经营的面包店因为信誉好，大家十分信赖，营业额直线上升。在短短的半年时间里，销量不断增加，财源滚滚而来。很快，凯瑟琳的家庭小面包店一跃而成为现代化的大企业，每年的营业额由最初的 2 万美元增加到 400 万美元，她也成为名副其实的百万富婆。

以信用去赢得顾客的信赖，用爱心去关怀顾客食品的新鲜，凯瑟琳用这种方法赢得了"人财两旺"。

### 给孩子的心灵启示

信用是一个人最重要的财富，是无法用金钱买到的。一个希望得到社会尊重和支持的人，是不愿意牺牲诚信原则的。一个有钱有势的人不一定有信用，因为再雄厚的资本也不等于信用。与百万财富比起来，高尚的品格、精明的才干、吃苦耐劳的精神要高贵得多。

# 别为小利失信誉

有一对夫妻开了家烧酒店。

丈夫是个老实人，为人真诚、热情，制作的酒也好。有道是“酒香不怕巷子深”，一传十，十传百，酒店生意兴隆，常常是供不应求。

看到生意如此之好，夫妻俩便决定把挣来的钱投进去，再添置一台烧酒设备，扩大生产规模，增加酒的产量。这样，一可满足顾客需求，二可增加收入，早日致富。

这天，丈夫外出购买设备，临行之前，把酒店的事都交给了妻子，叮嘱妻子一定要善待每一位顾客，诚实经营，不要与顾客发生争吵……

一个月以后，丈夫外出归来。妻子一见丈夫，便按捺不住内心的激动，高兴地说：“这几天，我可知道了做生意的秘诀，像你那样永远发不了财。”丈夫一脸愕然，不解地说：“做生意靠的是信誉，咱家的酒好，卖的量足，价钱合理，所以大伙才愿意买咱家的酒，除此还能有什么秘诀？”

妻子听后，用手指着丈夫的头，自作聪明地说：“你这榆木脑袋，现在谁还像你这样做生意，你知道吗，这几天我赚的钱比过去一个月还多。秘诀就是，我往酒里兑了水。”

丈夫一听，肺都要气炸了，他没想到，妻子竟然会往酒里兑水，也一气之下就把屋内剩下的酒全部都倒掉了。他知道妻子这种坑害顾客的行为，将他们苦心经营的酒店的牌子砸了，他知道这意味着什么。

从那以后，尽管丈夫想了许多办法，竭力挽回妻子给酒店信誉所带来的损害,可“酒里兑水”这件事被顾客发现了,酒店的生意日渐冷清,后来就不得不关门停业了。

### 给孩子的心灵启示

诚信是一个人的立身之本。对生意人来说，失去了信誉，就失去了生存的基础。如果一个人丧失信誉了，是难以弥补的。他的人生也会随之失去价值。孩子们，千万不能为图一时小利，而毁了自己的信誉啊。

## 坚守诚信就是为自己投财富保险

一个冬天的晚上，洛华德的妻子不慎把皮包丢在了一家医院里。洛华德焦急万分，连夜去找，因为皮包内装着 10 万美元和一份机密的市场信息。

当洛华德赶到医院时，看到一个瘦弱的女孩靠着墙根蹲在走廊里，在她怀中紧紧抱着的正是他要找的皮包。

这个女孩叫丽莎，是来这家医院陪妈妈治病的。妈妈的病已经很严重了，需要一大笔钱，这使丽莎几乎绝望了。她是在医院走廊发现这个皮包的，里面的钱足以给妈妈治病，但她毅然决定等待皮包主人的到来。

洛华德感激不已，主动提供了她们急需的帮助，但是，丽莎的母亲还是去世了。所幸，洛华德靠着那失而复得的 10 万美元和那份市场信息而生意日渐兴隆。他决定收养丽莎。丽莎接受了良好的教育，并成了洛华德的得力助手。

洛华德临终之际，留下这样一份遗嘱：“在我认识丽莎母女之前我就已经很有钱了。但她们让我领悟到了人生最大的资本是品行。我收养丽莎不是因为同情，而是请了一个做人的楷模。有她在我的身边，生意场上我会时刻铭记哪些该做、哪些不该做，什么钱该赚、什么钱不该赚。这就是我后来事业发达的根本原因。

“我死后，我的亿万资产全部留给丽莎。这不是馈赠，而是为了我的事业能更加兴旺。我深信，我聪明的儿子能够理解爸爸的良苦用心。”

洛华德从国外回来的儿子仔细看过父亲的遗嘱后，毫不犹豫地在财产继承协议书上签了字：“我同意丽莎继承父亲的全部资产。只请求丽莎能做我的夫人。”丽莎看完富翁儿子的签字，略一沉吟，也提笔签了字：“我接受先辈留下的全部财产——包括他的儿子。”

**给孩子的心灵启示**

诚信可以给人带来温暖，也可以创造出奇迹。任何一种诚信，都会因其美丽的品行而在现实世界中得到应有的回报。当你恪守着自己的道德准则，坚守自己的品行底线时，你就是给自己投了一份长期有效的、不断积累财富的保险。



## 用诚信拯救自己

公元前4世纪，在意大利，有一个名叫皮斯阿司的年轻人触犯了国王，被判绞刑，在某个法定的日子中将被处死。皮斯阿司是个孝子，在临死之前，他希望能与远在百里之外的母亲见最后一面，以表达他对母亲的歉意，因为他不能为母亲养老送终了。他的这一要求被告知国王。国王被他的孝心所感动，允许他回家，但是他必须为自己找个替身，暂时替他坐牢。这是一个看似简单其实近乎不可能实现的条件。有谁肯冒着被杀头的危险替别人坐牢，这岂不是自寻死路。但茫茫人海，就有人不怕死，而且真的愿意替别人坐牢，他就是皮斯阿司的朋友达蒙。

达蒙住进牢房以后，皮斯阿司回家与母亲诀别。人们都静静地看着事态的发展。日子一天天过去了，皮斯阿司还没有回来，刑期眼看就快到了。人们一时间议论纷纷，都说达蒙上了皮斯阿司的当。行刑日是个雨天，当达蒙被押赴刑场之时，围观的人都在笑他的愚蠢，幸灾乐祸者大有人在，刑车上的达蒙面无惧色，慷慨赴死。

追魂炮被点燃了，绞索也已经挂在达蒙的脖子上。胆小的人吓得紧闭双眼，他们在内心深处为达蒙深深地惋惜，并痛恨那个出卖朋友的小人皮斯阿司。就在这千钧一发之际，在淋漓的风雨中，皮斯阿司飞奔而来，他高喊着："我回来了！我回来了！"

这一幕太感人了，许多人都以为自己是在梦中。这个消息宛如长了翅膀，很快便传到了国王耳中。国王闻听此言，也以为这是谎言，便亲自赶到刑场，他要亲眼看一看自己优秀的子民。最终，国王万分喜悦地为皮斯阿司松了绑，并亲口赦免了他的刑罚。

### 给孩子的心灵启示

这个震撼人心的故事告诉我们，诚信的力量是何等巨大啊！信守诺言，你将在孤独时得到友情的温暖，你将在困境中得到人们的援手。诚信，是一个人的形象和品牌，以此推销自己，你便会在事业上、婚姻上获得成功。

# 人品重于生命

在我国战国时期，楚国有一件天下人皆知的宝贝——青铜尊盘。这是楚国用独特的失蜡法工艺制作出来的，在当时可以说是天下无双。在那个时期，正值秦国进犯，楚国的境况危在旦夕，这个时候，秦国就派人来和楚国讲条件，表示如果楚国愿意拿青铜尊盘做交换，秦军就撤兵。

楚国的国君曾侯乙左右为难：如果不交出尊盘，楚国就有被攻城的危险。可是这天下无双的宝贝怎么能轻易地拱手相让呢？这时一位大臣给曾侯乙出了个主意：秦国只知道尊盘的名气，并没有见过实物，只要仿制一个样品交给秦国，问题不就解决了吗？曾侯乙想了一下，觉得这个方法可行，终于舒展开紧皱的双眉。

不料，秦国早就预料到了。当楚国派大使给秦军送上仿制的尊盘时，秦军答复："听说贵国有一位叫乐正子春的人，一辈子从来没有说过一句谎话，只有他亲口说这是一件真品，我才能相信。"楚国的使者无奈，只好回国去拜访乐正子春。

乐正子春很快就明白了使者的来意，他看了一眼尊盘，然后说："这就是假的啊。"

使者对乐正子春说："国君不肯交出真宝物，才出此下策。大人您的信用天下皆知，只要你开口说这是真的，一切都好办了。"

乐正子春义正词严地说："国君爱他的宝贝，我同样爱我的信用，实在抱歉我不能帮你。"最后，他依然说出了实话。

乐正子春顶住了压力，终于保全了自己的气节。而这种诚信的气节，才是一个人立足于世的重中之重。

给孩子的心灵启示

古人把做人的本分看得比自己的生命还重要，这实在是今天的人无法相比的。遵守承诺为君子，诚信待人才显人品。一个信守自己承诺的人，是一个有人格魅力的人；而一个视承诺为儿戏的人，自然不会得到别人的信赖。

# 打动心灵的品格

“去吧，孩子，我把你交给上帝了。”小卡特的母亲这样告诉他，在给了他 40 个银币之后，母亲又让他发誓，无论什么时候都不要撒谎，“孩子，可能在接受上帝的审判之前，我们再也没机会见面了。”

这个年轻人离开家去赚钱了。但是几天之后，他们一行人遇上了强盗抢劫。

“你身上有钱吗？”一个强盗问他。

“有 40 个银币缝在我的外衣里面。”小卡特老实地回答，但是这个回答却令强盗们狂笑起来。

“你身上到底有多少钱？”另一个强盗恶狠狠地问道。这个老实的年轻人又重复了他刚才的回答。但是，根本没有人将他的话放在心上，就是因为他说得太坦白了，反而没有人相信了。

“到这边来，孩子，”强盗团伙的首领说，他早就注意到了他的两个手下盘问的这个年轻人，“告诉我，你身上到底有没有钱？”

“我已经告诉过你的两个手下了，我的衣服下面缝了 40 个银币，但他们看来并不相信我。”

“把他的外衣掀起来。”强盗首领命令道，那些银币很快就被搜了出来。

“你为什么要说出来？”那伙强盗诘问他。

“因为我不能背叛我的母亲，我向她发过誓——我永远都不能撒谎。”

那伙强盗听到这句话，都被感动了。那位首领对他说：“孩子，你虽然年纪轻轻，但你能认真对待向母亲做的承诺，而我的所作所为与你有天壤之别。尤其是我作为一个成年人，对于上帝赋予我的责任怎么能如此熟视无睹呢？把你的手伸给我，我要按在你的手上重新发誓。”他说到做到，他的手下也被深深地打动了。

“在犯罪的时候，你是我们的首领，”他的一个下属说，“那么，最起码，在走上正轨的道路上，你也是我们的领袖。”那人也握住男孩子的手，像他的首领那样重新发誓。然后，这些人一个接一个地效仿他们的首领，在男孩子的面前重新发起了誓。



**给孩子的心灵启示**

诚实的品格能够打动心灵，虽然它未必能够产生像这则故事中那样惊人的效果，但无论如何，周围的人是能够感受到这种关注和影响的。每个人都会不由自主地从心底尊重那些内心诚实、不说谎的人。

## 别为金钱丧失操守

一家新成立的外资企业要招聘一名女出纳员，工资待遇优厚得让人不敢相信。顿时，满城的女青年像疯了一样，每人交纳一百元报名费，然后面试、笔试。折腾了半个月，只剩下不到十人，最佳人选将从这几个人中产生。

某单位的柳小辉过关斩将，成为其中的佼佼者，她观察了一下自己的几名竞争对手，论年龄、论口才，尤其是相貌和风度……她至少有七成的把握。柳小辉高兴得芳心骤跳，夜夜从梦中笑醒。谁知好事多磨，进入决赛后，用人单位反倒没了动静。柳小辉差不多天天去打听消息，唯恐别人钻了空子占了先，但消息绝对准确，招聘人选还没有定下来。她猜测，这肯定是个骗局，每人100元，加起来可是个不小的数目。柳小辉又恨又没办法，只好耐着性子在原单位上班。

这天，刚发了工资，柳小辉闲得无聊，便约了同科室的李静逛商场。待买了东西返回时，发现办公室里的另一个同事王姐也走了。她的椅子上坐着一个陌生男子，见她们回来，连忙起身打招呼。

柳小辉很反感。她冷冷地问："你找谁？"

"先不说找谁。请问二位是在这儿办公吗？"那男子问。见两位姑娘点头，男子又问："你们坐哪把椅子？"

"这跟你有什么关系吗？"柳小辉更反感了，"你找谁？"

男子取出压在茶杯下面的一张百元面值的大票，钱的一角沾了些碳素墨水。他微微一笑："我等失主呢。刚才在这两把椅子中间拾到这张钱，你们说我揣走还是归还？哪位的，应该谢谢我才是呢。"

李静扫了一眼："不是我的，再说，刚发完工资，我贴身装着，不可能蹿出来，肯定是小辉的。"

男子把百元大票放在柳小辉面前，说："那么就是这位小姐丢的啦。"

柳小辉心口扑通直跳：这男人捡钱是咋回事，世上怎么会有如此傻的人，发了财还在这儿等人认领回去？她故作迟疑地说："是我丢的吗？"

"你不会数一数兜里的钱？"李静提醒她。

"我的钱没数。"柳小辉双手一摊。

百元大票归了柳小辉，为了表示礼貌和感谢，她微笑着给来客沏茶，并询问对方是来找谁的。

"我专门恭候您呀，柳小辉小姐。"男子也报以微笑，"我是您应聘那家企业的职员，奉命来对柳小姐进行最后一次测试。”

这真是意外的惊喜！柳小辉满面春风：“要测试什么马上开始吧。我从来不像别人那样，还需要准备这准备那，这样突然的考试最合理，能看出真正的水平。”

“说得太对了。”男子说，“可我们的测试已经结束。我十分遗憾地通知您，您没有通过我们的测试。”男子站起身来告辞。

柳小辉一下子明白了过来，刚才那张百元大票，是块试金石！她沮丧地掏出那张钱，还给男子：“你们这种考试方法含有欺骗性和污辱性，我兜里的钱的确没有数。”

“不会的。”男子摇摇头，“您在以前的测试中表现突出，尤其是记忆力惊人。您不会不清楚自己兜里有多少钱，何况其误差达到百元之多，您更不可能忘记自己有没有过这样一张被严重污染过的钞票。按常理，刚才您去购物时，如果真有这张钱，您一定会先把它花出去。

“现在，这张钞票依然归小姐您，就当我们退还您的报名费。假如这位小姐有兴趣的话，不妨去敝公司一试。”男子转身向李静说，“作为出纳员，首要的是面对金钱的态度，别的不论，最后这一测试，您却过了关。”

没想到那男子竟是那家外资企业的副总裁，更没想到的是李静后来居然通过了其他的考试，成为了那家外资企业的出纳员。

有一天李静和副总裁闲聊，李静很为柳小辉惋惜：“她只差那么一丁点儿，如果她再冷静一点儿……”

“应当祝贺她，”副总裁说，“要是她果真当上出纳员，那才是柳小姐真正的悲哀。”

## 给孩子的心灵启示

人品确实要比才华更重要。对金钱的态度从某种程度上可以折射出一个人的财商品质。无法想象，仅为100块钱就违背了内心中最根本的做人准则的人，别人又怎能将大笔的款项进行托付呢？换个角度来说，如果因为金钱而丧失了为人的操守，财富又有什么用处呢？

# 克制诱惑，坚守承诺

威廉姆先生是一位非常富有的大商人，在纽约，他有一幢十分豪华的别墅。这座美丽的别墅坐落在一个林木环绕的小山岗上。山冈的四周郁郁葱葱，到处都是果树和野花。

离威廉姆先生的别墅不远处，有一所女子寄宿学校。这所学校是威廉姆先生资助的，在这里上学的都是一些十来岁的女孩。

很多时候，威廉姆先生就坐在他的大客厅里，俯视着整个山冈，在欣赏大自然的美景之余，还能看到一群美丽的少女在果树下追逐嬉戏，其乐无穷，而她们却丝毫也发现不了他。

眼看果树上的果实快成熟了。一天，威廉姆先生对女孩们说："如果你们能够保证不偷吃果子，那么在这些果实成熟的时候，我就会邀请你们到我的别墅里做客，并且给你们品尝最大的桃子。"对这样的一个提议，女孩们当然完全赞同，她们全都点了点头。

当果园里的果实逐渐成熟的时候，它们一个个看起来诱人极了，似乎是特意为这群快乐的女孩而准备的美味盛宴。女孩们天天盼望着果实成熟，几乎每天都要盯着它们看上一阵子，有时候甚至会显得有些急不可耐。

当那些大桃子进入最后的成熟阶段时，威廉姆先生坐在他的客厅里，看着一群女孩终于忍不住去偷摘了桃子，却没有阻止。他静静地看着她们，看她们小心翼翼地摘下桃子，眼中满是渴望和欣喜的神色。最后，所有的桃子都完全熟透了。威廉姆先生吩咐仆人把桃子小心地采摘下来，挑拣出其中最好、最大的装满了一大篮子。然后，就邀请所有的女孩都到他家里来品尝桃子。

女孩们兴高采烈地来了，她们一个个像春天的百灵鸟，叽叽喳喳，充满了生机和活力。等她们都来了之后，威廉姆先生就提起了他曾经说过的约定，他对女孩们说："今天请大家来不仅仅是为了做客，还有一个目的是，我想请那些遵守诺言的孩子们吃桃子。现在，从来没有偷过桃子的女孩们请上前一步，你们可以挑选最大最好的桃子吃，想吃多少就吃多少。"

等他说完，只见一个小女孩向前迈了一小步，而其他的女孩则一个都没有动。威廉姆先生愣住了，这完全出乎他的意料，他没有想到，这些孩子会如此地诚实。这令他吃惊不已，同时又感觉高兴不已。

威廉姆先生满意地对向前走了一步的女孩说："亲爱的，你一个桃子也没有摘过吗？"小女孩非常认真地说："没有，先生，我一个都没有摘过。"威廉姆先生接着以一种商量的口吻问这个小姑娘："那，你愿意让其他同学和你一起分享这些桃子吗？"

"当然了，我很愿意！"小女孩面带笑容地回答。

威廉姆先生抬起头对着那些摘过桃子的、此刻站在那里一动不动的女孩们说："你们没有遵守我们之间的约定，本来是不应该吃这些桃子的，但是你们的诚实和这位同学的真诚让我很感动，我改主意了。现在，尽情地享受这些美味的桃子吧。"



## 给孩子的心灵启示

一个人的价值，往往在遭遇诱惑的一瞬间被真正决定。古希腊哲学家柏拉图曾说："一个有道德的人是一个心里受到诱惑就对诱惑进行反抗，而绝不屈从于它的人。"人的一生总是充满着无数的诱惑，面对各种各样的诱惑，我们一定要学会克制自己，不在诱惑面前低头。

# 诚实的詹妮

詹妮是一位诚实的姑娘。她的邻居安德鲁是一位富有的农场主，在他的小店里有很多寄宿的人，詹妮的妈妈每周都给他们代洗衣物，报酬仅5美元。一个周六晚上，詹妮像往常一样去那儿替妈妈领钱。她在马厩里遇到这位农场主。

显然他正处于气头上，那些总和他讨价还价的马贩子激怒了他，令他火冒三丈。他手里的钱包打开了，里面的钞票塞得鼓鼓的。当詹妮向他要钱时，他没有像从前那样训斥她，说她打扰了正在忙碌的他，而是马上将一张钞票递给了她。

詹妮暗暗高兴自己能这么轻易地逃过一关，她急忙走出马厩。到了路上，她停下来，用针将钱小心翼翼地别在围巾的褶皱里。这时她看到安德鲁给了她两张钞票，而不是一张。她往四周望了望，发现附近没有人看到她。她的第一反应是为得到了这笔飞来横财而兴奋不已。

“这全是我的了。”她心想，“我要买一件新的斗篷送给妈妈，妈妈就能把她那件旧的给玛丽姐姐了。这样，明年冬天玛丽就能同我一块儿去上学了。说不定还可以给弟弟汤姆买双新鞋呢。”

过了一阵子，她又认为这笔钱一定是安德鲁在给她时拿错了，她不应该使用它。正当她这样想时，一个充满诱惑的声音说：“这是他给你的，你又怎么知道他不是想要把它作为礼物送给你呢？拿去吧，他绝对不会知道的。就算是他弄错了，他的钱包里有那么多张5美元，他也绝不会注意到的。”

她一边往家走,一边进行着激烈的思想斗争。她一路上都在思考着:是钱重要,还是诚实重要?

当她经过家门前那座小桥时,她看到了她与妈妈说话时坐的那把斑斑锈迹的椅子。她的耳边立刻响起了妈妈说的话:“你想要人家怎样对你,你就得怎样对人。”

詹妮猛地转过身,往回跑去。她跑得很快,快得让她差点连气都喘不过来了,仿佛是在逃离什么无形的危险。就这样,她径直跑回了农场主安德鲁的店门口。那个粗鲁的老人见她又一次出现在他面前,惊讶地问:“你这回又有什么事呢?”

“先生,您给我的钞票不是一张,而是两张。”詹妮一边颤抖,一边回答。

“什么?两张?我看看,的确是两张。难道你刚刚发现吗?为何不早点把它送回来?”詹妮脸红了,她低下头,没有回答。

“我猜,你是想留下它自己用吧。”安德鲁说,“唉,幸好你妈妈比你诚实,否则我可要白白丢掉5美元了。”

“我妈妈完全不知道有这回事。”詹妮说,“我在到家之前就把钱送回来了。”

老人注视着眼前这个小女孩,当他看到一颗颗泪珠顺着孩子的脸颊滚落下来时,被她的难受触动了。老人从口袋里取出1美元递给了詹妮。

“不,谢谢您,先生。”詹妮抽泣着说,“我不能仅仅因为做了件正确的事就得到报酬。我唯一希望的是,您不要把我看成是一个不诚实的人,因为那对我来说的确是个巨大的诱惑。先生,如果您曾看到过自己最爱的人连寻常的生活用品都买不起,您就能知道,要时刻做到对待别人就像希望别人如何对待自己一样,对我们来说是多么的困难。”

此时,这个一向自私的老人也深受感动。他对詹妮道了晚安,接着回到了屋子里。他喃喃自语道:“这世上有些人虽然年纪小,但却非常明白事理。”老人也为自己的所为感到羞愧。詹妮如释重负地回到了她那简陋的家中。后来，她成了一个有益于社会的人。在她的一生中，她从没有忘记过她是如何抵制住那次诱惑的。

### 给孩子的心灵启示

诚实是一种能够打动心灵的品质，诚实的美德即便是从小孩子的身上表现出来，也会在周围的人中产生积极的影响。生活中我们常常会遇到各种诱惑，但只要秉持住了诚实这条原则，就一定可以战胜诱惑，拒绝做它的俘虏。哈佛教授爱默生就认为，品格是一种内在的力量，它的存在能直接发挥作用，而无须借助任何手段。

# 第三章

# 尊重他人，尊重自己

# 尊重他人

几位中国的中学校长应邀到英国伦敦哈姆雷区中学去访问。

踏进校门，他们先在门卫那里做了来宾登记，然后就被领着去校长室。那位女校长热情地同他们一一地打了招呼，然后将注意力转移到站在她办公桌前那个男孩的身上。校长对他们说："走，我们一起去参观一下校园吧。"

那个男孩一直跟在校长身后，谦恭地埋着头，大家都表示有些不解。面对大家疑惑的目光，校长笑着说："噢，介绍一下，这是爱德华，今天他被罚充当我们参观校园的临时讲解员。"

其中的一个校长纳闷地问："为什么说是被罚？"校长回头对爱德华说："你自己告诉中国客人，你为什么被罚？"爱德华不好意思地说："我和低年级的一个男孩打架了。我打伤了他。"

一路上小讲解员爱德华向他们指着一间一间的教室，介绍哪间是食品技术教室，哪间是舞蹈室……快要走到体育馆的门口时，校长突然对爱德华说："你给客人们讲讲那里的陈列品吧。"校长说完冲他们意味深长地笑笑，停下脚步，跟正在做楼体保洁的工作人员闲聊起来。

爱德华突然兴奋不已，他跑过去，指点着门口陈列架上的陈列品，滔滔不绝地告诉他们哪个奖杯是哪次比赛得来的，哪件球衣是哪个校友在哪场大赛中穿过的……他们问他，你怎么对这些信息掌握得这么全面准确呀？他得意地一笑说："我是学校橄榄球队的。你们看我领带上绣的这个图案，这就是橄榄球队的标志。"

介绍完以后，他们再度与校长会合，参观即将结束。这时爱德华突然小声向校长提议说:“再让他们去看看琼斯的椅子吧。”校长点点头，答应了他的请求。于是大家来到了小喷泉旁边的“琼斯的椅子”面前。爱德华介绍说:“五年前，琼斯在这所学校读八年级。有一天，他来上学的路上，被一辆汽车给撞死了……为了纪念他，同时也为了提醒人们珍爱生命，学校在这里安放了这把椅子。”

校长用慈爱的目光注视着爱德华，突然开口对他说:“汽车对琼斯犯下了那样的罪过。而我们不是汽车，我们有眼睛，有理智，应该懂得爱和尊重，懂得保护弱小者和无辜者——你以为呢？”爱德华使劲地点头，羞愧和自责使他的双颊绯红了。

就在那一刻，每一个人都深切地体会到了尊重的力量。这是一次让小爱德华和每一个中国校长都毕生难忘的一次访问。这个对犯错的孩子如此爱护，甚至连死者都给予别样尊重的学校，让在场的所有中国校长都陷入了沉思当中。



### 给孩子的心灵启示

越是知道一个人错了，越要给予他足够的尊重，即便是实施惩罚，也要向故事中那位校长一样，罚得让人没齿不忘，训得让人心灵温暖。尊重犯错误的人，不将那已经生出愧疚的心彻底打进冰窟，不让那努力探求光明的眼在无边的墨色中丧失追索的热望。如果你看重自我的尊严，那也要更加尊重他人的自尊。

## 尊重带来的财富

大一开学的那一天，王小龙背着打着补丁的铺盖，眼里带着怯生生的目光走进了宿舍，那是谢强第一次见到他。宿舍的八个人里，只有王小龙一个人来自农村，他的父母都是淮北灵璧县农村的农民，靠着几亩薄田吃饭，经济条件很是困难。这样一个人和其他人最初多少是有些格格不入的。细心的谢强注意到，王小龙从来都是最后一个到食堂去吃饭的，因为师傅一般在打剩菜的时候会多给一点儿。

就算如此王小龙还是不能果腹。夜深人静的时候从他的铺上总能听到因为饥饿，肚子发出清晰的咕咕的声音。因此他除了每天在食堂吃最便宜的素菜，就再也没有其他营养补充。

谢强观察了一段时间，决定开始用实际行动来帮助王小龙。他开始悄悄多打一些菜回来，把那些肉菜私下里悄悄倒进王小龙的饭盆里。王小龙心里有些疑惑，但也非常感激谢强。

这也逐渐成了他们两个人之间的秘密。每逢这个时候俩人会心一笑，彼此之间就这么拉近了距离。

宿舍里其他人也发现了这个秘密，大家都知道了王小龙的困难之处。年轻人之间交往多了就没了隔阂成了朋友。大家开始约定一起吃饭，王小龙那份钱却出得最少。大家还经常一起出去玩耍，从来都带着王小龙但不让他出一分钱。

为了表示感激，寒暑假返校，王小龙会带一些土特产回来。淮北的灵璧多水，所以他带来的多是新鲜的龙虾和鱼。这个时候大家就特别高兴，说王小龙请客，一起到校门口的饭店出一点手工费把鱼虾给做成下酒菜，一起聚上一次。

眨眼就到了最后分别的时候，八个人各自掏干净口袋凑钱喝酒，醉的时候抱在一起哭个没够。王小龙私下对谢强说："老六，我爸爸过两天来接我。可能会送东西给你们。你也知道我家里没什么东西，别嫌不好！"

毕业的前一天，王小龙的父亲背着重重的包来到了学校。这个不善言辞的老人用力握住每个人的手对他们表示感谢，手很暖很粗糙。他从那包里拿出的是七块各式各样还带着灰尘的石头，硬是塞进了王小龙七个室友的手里。谢强提前跟其他室友打过招呼："不许推辞，只能收下"！看着这些石头，谢强心里也像石头一样沉甸甸的。他感觉到了浓缩在里面的情义！

王小龙和父亲很满意地离开了。接下来，陆续有人回家。谢强是宿舍里最后一个离开学校的。收拾行李的时候他心里有些不是滋味。那些室友在走的时候都顺手把那块石头扔在了宿舍。他们都觉得路途遥远不值得把一块石头背回去。

谢强慢慢把这些乱扔在宿舍里的石头收集到一个箱子里。抱着箱子，他觉得王小龙和他父亲的心意很重很重，不能伤了他们的一片好意。为了这些石头，谢强花费了近百元办理了托运。虽然像其他人说的那样，王小龙和他的父亲已经看不到了，但谢强还是觉得带这些石头回去才是对他们的尊重！

毕业四年后，偶有室友到上海出差。联系到了谢强，他派车去接老友。同学在他的别墅里吃惊地问："老六，你怎么做到的，四年就买这么大的房子，有车还有自己的公司！"

谢强笑笑，不知道该怎么回答。

他的室友不会想到，当年被他们随意抛弃在宿舍里的石头是灵璧上好的磐石，每块的价值都在百万以上。当年谢强回到家后，把这些石头清洗一新，摆放在书柜上。结果，一个来访的同事是奇石的发烧友，发现了这些宝贝！

这就是尊重带来的财富！

### 给孩子的心灵启示

如果当年王小龙的每一个同学都尊重他和父亲的一片心意，把石头带回家，那么他们都会得到一份大的惊喜。上天曾给了每个人得到财富的机会，却会又因为某个原因把财富赐予了一个人。这一次，带来财富的是尊重！

# 自尊不容践踏

一个周末，小王陪同他所在院系的贾教授一起去火车站送人。他们所送之人是贾教授的朋友，也是小王家的一个远房亲戚。学校离火车站又不是很远，那位远方亲戚带了不少行李，他和贾教授的年纪又都比较大了，于是小王就责无旁贷地充当了“脚夫”的角色。

送走那位亲戚之后，小王和贾教授走出了火车站。刚走没几步，就看到一个疯疯癫癫的人迎了上来，拦住了他们的去路。这个人目光呆滞，衣衫褴褛，头发乱蓬蓬的。小王原以为是一个讨钱的，就掏出一元钱来递给他。没想到这个人并没有接钱，反而瞪了瞪小王，然后将目光移向了贾教授，小心翼翼地说：“这位老先生，我看得出来你是个有学问的人，能不能给我讲讲关羽是怎么死的？”

小王看出了这个人精神有一点不正常，想推开他，试图拉着贾教授赶紧离开。但贾教授却阻止了小王。他领着那个疯子到了一个楼角。从吕蒙设计，讲到关羽败走麦城，最后遇害，大约用了十几分钟时间。教授讲得绘声绘色，那疯子也听得津津有味。临走的时候，疯子抓住贾教授的手，眼睛中泛动着晶莹的泪花：“谢谢你，我求了好多人，只有您才肯给我讲！”小王看到教授的手也用力摇动了几下。

回学校的路上，小王问贾教授：“他是一个疯子吧？”教授沉默了一会儿才说：“也许是，但他首先是一个人，只要是人，都是值得尊重的。因为在尊重别人的时候，更重要的还是在尊重自己！”

**给孩子的心灵启示**

贾教授的话给了我们很大的触动。的确，尊重不只是一个得到或者给予的问题，其实在给人尊重的时候，同时也得到了别人的尊重；当你践踏别人的尊严的时候，自己的尊严也正在自己的脚下痛苦地呻吟着！

# 弱者需要尊重

凯蒂早早就和丈夫离婚了，一直和儿子相依为命。他们靠着凯蒂在有钱人家做女佣来维持生活。她一直为自己的工作感到自卑。从来不向儿子提起她做的是什么工作。

有一天，主人家举行晚宴，凯蒂要工作到很晚，她只好将四岁的儿子带到主人家。她很自卑，怕儿子知道自己是一个用人，于是把儿子藏在卫生间里，并告诉他，他将在这里享用晚宴。

男孩在贫困中长大,从没见过这么豪华的房子,更没有见过卫生间。他不认识抽水马桶，不认识漂亮的大理石洗漱台。他闻着洗涤液和香皂的香气，十分好奇。他坐在地上，将盘子放在马桶盖上，盯着盘子里的香肠和面包，为自己唱起快乐的歌。

晚宴开始的时候，主人想起凯蒂说过是带着她儿子来的，却一直没有见到那个小男孩。主人看凯蒂躲闪的目光就猜到了一切。他在房子里静静地寻找，终于，顺着歌声找到了卫生间里的男孩。那时男孩正将一块香肠放进嘴里。

他愣住了，问:“你躲在这里干什么？”

“我是来这里参加晚宴的,现在我正在吃晚餐。”小男孩自豪地回答。

“你知道这是什么地方吗？”主人感到有些奇怪。

“我当然知道，这是主人单独为我准备的房间。”小男孩依旧往嘴里塞着食物。

“是你妈妈这样告诉你的吧？”

“是的，其实不用妈妈说，我也知道，晚宴的主人一定会为我准备最好的房间。”男孩指了指盘子里的香肠，“不过，我希望能有个人陪我吃这些东西。”

主人默默走回餐桌前，他对所有的客人说：“对不起，今天我不能陪你们共进晚餐了，我得陪一位特殊的客人。”然后，他从餐桌上端走了两个盘子，来到卫生间的门口，礼貌地敲门。得到男孩的允许后，他推开门，把两个盘子放到马桶盖上。他说：“这么好的房间，我们一起共进晚餐。”

主人和男孩边吃边愉快地聊天。主人的话语让这个男孩相信自己所在的卫生间是整栋房子里最好的房间。他们在房间里吃了很多东西，唱了很多歌。不断有客人敲门进来，他们向主人和男孩问好，他们递给男孩美味的苹果汁和烤成金黄的美食。他们露出夸张和羡慕的表情，后来他们干脆一起挤到小小的卫生间里，给男孩唱起了歌。每个人都很认真，没有一个人认为这是一场闹剧。

很多年之后这个男孩长大了，成了上流社会的富人，他有了自己的公司，有了带两个卫生间的房子。每年他都拿出很大一笔钱救助一些穷人，却从不举行捐赠仪式，更不让那些穷人知道他的名字。有朋友问及理由，他说：“我始终记得许多年前，有一天，有一位富人、有很多人，他们小心翼翼地保护了一个四岁男孩的自尊。”



## 给孩子的心灵启示

这个故事告诉我们尊重对一个人来说有多么重要，甚至会影响一个人一生的成长。尊重是民主精神的核心，学会尊重是青少年必须具备的素养。学会对家人尊重，对老师尊重，对朋友尊重，对弱者尊重。永远都不要伤害任何一个人的自尊心。生活得有尊严是每一个人的权利。

# “请”让生活变得美好

史蒂是一个不懂礼貌的孩子，他几乎不知道说“请”。“给我一点面包！我要喝水！把那本书给我！”他要东西时总是这样说。他的父母为此感到非常难过。而那个可怜的“请”呢，就只好日复一日地坐在史蒂的上颌，希望有机会到外面一趟，它的身体因此日见憔悴。

史蒂有个哥哥叫尼克，尼克非常懂礼貌。生活在他嘴中的“请”经常能呼吸到新鲜空气，身体健壮，心情愉快。

一天吃早饭时，史蒂的“请”觉得自己必须呼吸一下新鲜空气，于是它从史蒂的嘴中跑了出来，长长地呼了一口气，然后爬到桌子对面，跳到尼克的口中！

住在那里的“请”看到陌生的客人，即问它从哪里来。

史蒂的“请”回答说：“我住在那位弟弟的口中。但是，哎呀，他从不用我，我从未呼吸过新鲜空气！我刚才想你也许愿意让我在这里待上一两天，让我重新变得健壮起来。”

“噢，当然可以，”另一个“请”热情地说道，“我了解你的心情。你可以待在这里，没有问题。当我的主人需要我的时候，我们两个可以一起出去。他是个和蔼可亲的人。我相信，说两次‘请’，他是不会在意的。你想在这里待多长时间就待多长时间吧！”

那天中午吃饭时，尼克想要黄油，他这样说道：“父亲，请——请把黄油递给我，好吗？”

“当然可以，”父亲说，“你为什么这样客气？”

尼克没有回答。他转向母亲，说道："母亲，请——请您给我拿一块松饼，好吗？"

母亲听了这话，禁不住大笑起来。"亲爱的，给你。你为何要说两次'请'？"

"我不知道，"尼克回答道，"不知为何，这些字好像是自己跳出来的。史蒂，请——请给我倒点水！"这次，尼克几乎吓了一跳。

"好了，好了，"父亲说道，"这没有什么不好的。在这个世界上像这样客气的人并不多。"而与此同时，小史蒂表现得非常粗鲁，他一直大喊大叫："给我一个鸡蛋！我要喝牛奶。把勺子给我！"但是现在他停下来，听他哥哥说话。他想，像哥哥那样说话很有趣，于是他开始说："母亲，嗯，嗯，把一块松饼递给我，好吗？"

他想说"请"，但是他怎么能说得出呢？他根本没想到自己口中的"请"现在正待在尼克的嘴中。于是他又试了一次，想要黄油。"母亲，嗯，嗯，把黄油给我，好吗？"他能说出口的只有这些。

这种情况持续了一整天，所有人都不知道他们兄弟两个出了什么问题。夜幕降临后，他们两个都累坏了，而且史蒂变得非常急躁。母亲只好让他们两个早早入睡。

第二天早晨，他们刚一坐下吃早饭，史蒂的"请"就跑回了家。昨天，他呼吸了许多新鲜空气，现在感觉非常好。他刚回到史蒂的口中，就得到了一次呼吸的机会。因为史蒂说道："父亲，请您给我切一块橙子，好吗？"哎呀！这个字非常容易地就说出了口！听起来和尼克说的一样好听，而尼克今天早晨也只说一个"请"字了。从那以后，小史蒂变得和哥哥一样懂礼貌了。



### 给孩子的心灵启示

生活在今天的人们，似乎越来越难听到这些和蔼可亲的礼貌用语了。其实，在上车买票时说个"请"，去餐厅用餐时说个"谢"，彼此照面也互致问候一下，一切都会变得理所应当，人与人之间就会多一份融洽，世间就洋溢着温暖和顺的气息。生活因为一个"请"字，将变得更加美好。

# 尊重别人的弱点

著名导演阿莫多瓦在他的奥斯卡得奖之作《悄悄告诉她》里，有个片段很有意思：男记者送一位勇于接受任何危险挑战的女斗牛士回家，女斗牛士发现厨房里有蛇，吓得涕泪纵横，歇斯底里地冲出家门，回到男记者的车上，要求他帮忙。男记者看尽了女斗牛士对付蛮牛时的英勇，虽然不太理解为什么她会怕一条小小的蛇，却也很诚恳地对她说："我尊重别人的恐惧。"

这一幕戏十分体贴，也让人很是感动。

这也让人想起另外一个故事。有一个男孩胆子十分大，总是一副天不怕地不怕的样子却单单害怕坐云霄飞车。有一次，他和女朋友一起去香港的迪士尼乐园玩，女友却坚持要搭云霄飞车，而且还一定要他相陪。

这正触碰到他的禁忌之处，他坦白说自己无法坐云霄飞车。但女朋友却开始任性起来："如果你连这个都不肯陪我，就是不爱我。"说什么就是不肯让他一个人留在地面上。

女友的脾气硬得很，简直是有点无理取闹，他在众目睽睽下，心不甘情不愿地接受了这样的指令，结果一下来就吐了满地，心里更是怨上加怨，回来后两人就分手了。

他说："我无法和一个不尊重我的人在一起。"

接受他人的恐惧，不强迫他人去做害怕的事情，是一种尊重。这种尊重源于对他人心灵深处黑暗之地的关怀。

给孩子的心灵启示

要记住，当你的朋友和家人对某些事情表现出异常的恐惧和排斥时，不要嘲笑他们，也不要强迫他们去做这些事情。因为每个人都有自己心里禁忌的地方，也许在别人看来不起眼的事情，对他来讲却很难做到。这个时候表现出充分的理解和尊重是最正确和明智的选择。

## 尊重是相互的

奥斯卡·列凡特是美国20世纪有名的钢琴家和作曲家，他以机智幽默善于搞怪而著称全美。

一天晚上，列凡特正在为观众演奏钢琴曲，悠扬的乐曲从他的十指间轻轻流泻出来，这首动人的曲子令全场人都深深地沉醉了。列凡特表演得非常投入，大家沉浸在美妙的音乐中，如醉如痴。这时，突然出现了一种不和谐的音符把唯美的氛围给彻底破坏了。一位观众姗姗来迟，从座位间的过道向音乐厅的中央走去，尖尖的鞋跟有力地叩击着地板，发出刺耳的声音。观众的兴致全都被她的高跟鞋声给搅乱了，列凡特也停止了演奏。所有人的目光都集中在了这位女士的身上，她也明显感觉到了，但是仍然故作镇静，昂首挺胸，大步向前。

忽然，钢琴声再次响起，大师现场发挥，专为该女士量身创作了乐曲！女士犹豫了一下，放慢了脚步，音乐也随之变得节奏舒缓；她停下来，音乐也戛然而止；她快步疾走，音乐也立刻转为欢快急促。所有的观众都被女士现场的盛装舞步滑稽表演逗得哈哈大笑，现场气氛达到了高潮。女士终于在自己的座位上瘫坐下来，面红耳赤，尴尬至极。

列凡特以眼还眼，他用一个恶作剧惩罚了女士，同时也让她和现场的观众们明白了一个道理：不尊重他人同样也不可能得到他人的尊重。

**给孩子的心灵启示**

这一场闹剧让我们每一个都应该醒悟：生活中人与人是需要互相尊重的。尊重是一种美德，是一种修养。尊重他人就是尊重我们自己。别像故事里这位女士一样丢弃了对他人的尊重，这样也等于丢弃了对自己的尊重！

# 换位思考尊重他人

对同一件事，从不同的角度看往往能得出不同的结论。

有一个心理学家找来两个七岁的孩子进行一项心理测验。

其中的一个孩子汤姆来自一个贫穷的家庭，家里有六个兄弟姐妹；而另一个孩子安迪则是一个家境富裕的医生的独生儿子。

心理学家让两个孩子一起看一幅画，画上画的是一只小兔子坐在餐桌旁边哭，而兔妈妈则板着面孔，站在一旁。孩子们看完画后，心理学家让他们将画中的意思表达出来。

汤姆立即说："小兔子在哭，是因为它还没有吃饱，还想要东西吃，但是家里已经没有可吃的东西了。兔妈妈也觉得很难过，但它又没有办法弄到东西吃，所以只好板着脸告诉小兔子不许哭。"

"才不是这样的。"安迪立刻反驳他，"小兔子为什么要哭？还不是因为它已经不想再吃东西了，但它妈妈却板着脸非要强迫它继续吃下去不可。"

安迪并不知道汤姆对小兔子的看法正是出于他贫困家庭给他带来

的感受，而自己霸道地反驳，也并不是正确的答案。

还有一个类似的故事：

有兄弟二人，出门做生意，他们来到一个偏远荒蛮的地方，这个地方的人都不穿衣服，称作裸人国。哥哥见了这副样子，皱着眉头说："这儿的人如此不讲廉耻，岂非和畜生一个样，我们怎能跟这种人交往？"

弟弟对哥哥的话则不以为然："一个地方有一个地方的习俗，我们只管和他们做生意，何必在意他们的生活习惯呢？你觉得人家不穿衣服是不讲廉耻，说不定人家见你还觉得奇怪呢。"

于是，弟弟仍旧和他们做生意，和他们一起吃饭，一起唱歌跳舞，结果裸人国的人上至国王，下至普通老百姓，都十分喜欢他，他的货物也被高价抢购一空。

而他哥哥则以自己的立场，指责裸人国这也不好，那也不对，引起当地人的愤怒，大家把他抓住打了一顿，还把他所有的货物都抢跑了。全亏了他弟弟说情，裸人国的人才没有进一步为难他。

人与人看问题的角度不一样，当他人的观点跟自己的不一样时，千万不要急于指责别人，多从他人的角度想，许多争执和问题就迎刃而解了。



### 给孩子的心灵启示

一千个读者眼中有一千个哈姆雷特。受生活环境、价值观、个人经历的影响，看待同一个问题，每个人的想法与角度不尽相同。只以自己的一贯立场去衡量或要求别人，是对他人的不尊重。多多的换位思考，理解他人的想法，尊重他人的行为和表达方式，才是一个睿智的青少年所该有的表现。

# 第四章

## 用才华赢得别人的尊重

# 榜样的力量是无穷的

20 世纪 50 年代初期的一天，在美国加州的一个小城镇，一个 10 岁左右的小女孩正抱着几本书向着小学图书馆走去。在图书馆的柜台前，图书管理员把小女孩所借的书一一盖戳。这时候，在旁边的新书展览架上，女作家赛珍珠的一本新书正放在最上面。小女孩盯着那个书看了看，然后大声对管理员说："叔叔，等我长大以后，我也要当一个大作家，我也要像大作家一样写书。"

管理员一听就笑了，他微笑着鼓励小姑娘："好啊，如果你真的写成了一本书，就请把它带到我们图书馆来，我也会把它放在新书展览架上重点展示的。"

小女孩信誓旦旦地说："好，我一定会的。"

之后，小女孩到了更高的年级。在她上九年级的时候，她获得了自己的第一份工作——撰写简短的个人档案，每次写完一份档案，地方报社就会给她 1.5 美元。但是，这个报酬的吸引力其实远远比不上让她自己的文字出现在报纸上。

上高中的时候，女孩开始负责编辑校内的报纸。

再后来，女孩毕业了，结婚了，有了自己的家庭，但写作的火焰依然熊熊地燃烧在她的心中。于是，她在家庭之外，找到了一份兼职——给一所学校编辑周报。紧接着，她又到一家大型报社工作，并且开始尝试杂志编辑工作，但梦寐以求的写作，却还是没有开始。

又是几年过去了，她觉得并且相信自己有话要说了，于是终于开始创作。稿子完成后，她把它投给两家出版商过目，但无一例外都遭到了拒绝。于是，她满怀悲伤地把书稿丢在了一旁。

之后，她又写了另外一本书，当这本书写完的时候，又是几年时间过去了。她把先前那本藏起来的书稿又拿了出来，并且很快找到了出版商。

出书的速度要比报纸慢得多，在无尽的等待中，两年的时间又过去了。

突然有一天，她收到了来自出版社的包裹，她赶紧打开一看，两行泪水无声地落了下来，这么久了，她的心血和梦想，终于得以实现了。

此时，已经成为女作家的她没有忘记自己曾经对图书管理员许下的承诺。她在高中毕业后30年校庆的时候回到了自己的小镇，来到母校，站在图书馆的海报栏前观看。那曾经熟悉的海报栏，上面此时正写着几个大字："欢迎你归来，姜·米歇尔。"

**给孩子的心灵启示**

榜样的力量是无穷的。有梦想，就会有前进的动力。每个人都有向着成功者看齐的愿望，而女孩们则似乎更具有追捧明星和成功人士的心理。在这之中，其实主要问题是看你以什么样的人为榜样，这一点很大程度上决定了你会成为一个什么样的人、会有什么样的成就。因此，在工作或者事业中，一定要慎重选择自己的榜样。

## 做学习的主人

瑶瑶每次不管什么考试都能考第一，这让同学们都羡慕不已。让大家最纳闷的是，很多人整天闷着头学习，成绩都不见提高，而瑶瑶也没看她怎么用功，却每次都稳拿第一，看着瑶瑶整天说说笑笑，一幅活蹦乱跳的样子，大家是百思不得其解。

于是，大家纷纷向她请教她的学习秘诀。

“其实很简单，我的成绩全靠它。”瑶瑶拿出了一张计划表说。接着，她说：“取得好成绩，不等于在学习上磨时间，花费的时间愈多成绩才愈好。必须要提高学习效率，这样不仅保证了学习的时间，玩的时间也会多起来，所以计划就显得很重要啦！”

在学习时，瑶瑶从来不注重学习的时间，而是注重“理解”“运用”和“熟练掌握”。别人每天回家先写作业，她则先复习课堂上做的笔记，对照书里的例题，看明白了再写作业，所以每次都能非常轻松地做完。每天写完作业，她只用 10 分钟的时间，把新的和旧的知识点都画到一张结构图上，是完全不看书画下来的。画的时候就等于把以前的知识温习了一遍，同时把新知识和旧知识有机地联系了起来。

在计划表上，瑶瑶每天还留出了半个小时的时间，用来补漏洞。她把所有测验和作业中错过的题，都单独抄到一个本子上，每天补漏洞的时候，就从里面挑题目做，故意挑那些看起来比较生疏、印象不是很深的题，做对一次打一个钩，做错一次打一个叉，当一道题目能连续得到三个钩，她就认为自己彻底掌握，就再也不会去碰它。

就是在这样的计划之下，瑶瑶的成绩总是遥遥领先。而且在奥林匹克竞赛中，还取得了很好的名次。



### 给孩子的心灵启示

知识的海洋无边无涯，而人生的时间和精力是有限的，因此，提高自己在单位时间内的学习效率就显得尤其重要。学习不在于数量，而在于质量。我们应充分发挥自己的长处，享受学习带来的乐趣，提高自己的学习效率，变被动学习为主动学习，做学习的主人。

# 知识胜于美貌

17 世纪有一个著名的墨西哥女诗人叫索尔·胡安娜。她生于墨西哥城附近的一个乡村。她从小就表现出了异乎寻常的求知欲。3 岁的时候，小小的女孩就开始学习识字了；8 岁的时候，她就开始自己写诗了；到了 9 岁，她已经开始了博览群书，同时还逐步地掌握了神学、哲学、天文、星象、绘画、音乐、语言、文学等多方面的知识，一时间成为了当时才貌双全的贵族小姐。

一次，西班牙总督为了考察索尔·胡安娜的渊博知识，特地邀请了四十多位学者轮番对她进行考核，但最后，她竟然对答如流，一点儿也没有被问住，这让她一时间成了远近闻名的“奇女”。

索尔·胡安娜不仅知识渊博，她还是个美貌的姑娘。在她还是个少女的时候，她就拥有轻盈灵巧的身段和美貌动人的仪表，更让人称奇的是，有一头漂亮的头发。

开始的时候，周围人都希望她成为一名出色的女演员，但她却立志要成为一名出色的诗人。而就在她刚开始写诗的时候，一天，一群小伙伴来到了她家里，请她一起出去玩耍。她当时就婉言谢绝了：“你们瞧，我新作了几首诗，正在让老师看呢！如果老师说我写得不错，有进步，那么我就跟你们一起去玩耍。”于是，小伙伴们只好坐在屋里耐心地等着她。

一会儿，老师拿着她的诗稿来了，他把诗稿还给索尔·胡安娜就走了。胡安娜赶紧接过来一看，呀，老师不但修改了很多地方，而且还特地加了一段评语，说她进步不大，有点儿停步不前。看到这里，胡安娜涨红了脸，她一言不发地走到桌子前，拿起一把剪刀对准自己的头发，咔嚓一下就剪了下去。一下子，她那令小伙伴们都羡慕无比的长头发被剪了下来。她随即把断发狠狠地摔在了地上。刹那间，小伙伴们各个目瞪口呆。

索尔·胡安娜为什么要剪发呢？原来，她早在写诗之前就给自己立下了个规矩：如果没有学会自己规定的课程，或者在自己的学业上没有进步，那么就要把自己美丽的头发给剪掉，以此作为对自己的警戒和惩罚。

看着惊讶的小伙伴们，她冷静地说："一个没有知识和才能的空空的脑袋，就不应该有漂亮的头发来做装饰。"



**给孩子的心灵启示**

爱迪生说："知识仅次于美德，它可以使人真正地、实实在在地胜过其他人。"美貌像一朵鲜花，随着时间的流逝，它会慢慢凋谢，而美德和智慧，就算经过再长的时间，也不会衰败，仍然灿烂地绽放。

女孩一定要知道：要立足于社会靠的是知识和智慧，绝对不是漂亮的外表。

## 知识就是力量

高尔基从小跟着外祖父外祖母一家生活。外祖母是一个非常慈祥的老人。她经常给小高尔基讲故事，比如，圣母怎样救苦救难的故事，武士伊万的故事，埃及强盗妈妈的故事，等等。这些故事离奇古怪、生动有趣，小高尔基常常听得呆呆的，入了迷。外祖母还会编许多有趣的诗歌，高尔基常常是听着外祖母的歌谣入睡的。小时的高尔基，脑袋里装满了外祖母的诗歌。

1878 年，高尔基到城郊的小学念书了。这是专门为城市贫民子弟办的一所学校，但即使是进这样的学校，对高尔基来讲也是相当艰难的。因为原先富有的外祖父破产了，家里一无所有。懂事的小高尔基每天放学以后就背着一个破袋子，走遍郊区的街道捡破烂，骨头、破布、碎纸、铁钉，什么都要，然后卖给收垃圾的，换取一点点微薄的钱补贴家用。

后来，高尔基去建筑工程制图师兼营造师谢尔盖耶夫那儿做学徒。说是学徒，其实根本学不到任何手艺，而是每天做婢女和洗碗工的活儿。

店主只负责供给他一天三顿饭，此外没有工资也没有任何自由。但是为了给家里减轻一点负担，高尔基默默地接受了这个事实。他每天都要擦洗铜器、劈柴、生炉子、洗菜、带孩子、跟老板娘上市场当跑腿，逢周六还要擦洗全部房间的地板和两座楼梯。小小的高尔基，很早便尝到了人世的艰辛。

在这痛苦的现实面前，高尔基唯一的乐趣就是读书。但是在谢尔盖耶夫家里，读书被看成是不务正业，被逮到了难免一顿毒打。高尔基总是千方百计地去找书，然后冒着很大的风险，深夜爬到阁楼上，钻进棚子里，借着月光看书。

高尔基读的书五花八门，龚古尔、福楼拜、斯丹达尔的作品让高尔基如痴如醉，俄罗斯美妙的古典文学让高尔基神魂颠倒，他贪婪地吮吸着知识的甘露。

16 岁时，高尔基决心要去读书，上大学。他希望通过上大学为自己寻找光明的前途。于是高尔基来到了喀山。但是对一个穷孩子来说，填饱肚子都得努力挣扎，上大学根本就是不切实际的幻想。他每天一早就出去找活儿干，跟流浪汉们一起劈柴，搬运货物，晚上就住在城市的公园里、岸边的窑坑里，甚至树洞里、沟渠边。他不再对上大学抱什么期望了，他清楚地知道，社会就是自己的大学，在社会的大课堂里，他将学到许多书本上没有的知识。

后来，高尔基根据自己的经历，写出了他的“自传体三部曲”——《童年》《在人间》《我的大学》。这些作品成为了世界文学史上不朽的经典。

**给孩子的心灵启示**

生活的贫苦磨炼了高尔基的意志，使得他在饱尝艰辛的日子后变得更加坚强。的确，生活犹如一个大熔炉，经过烈火后有人变得软弱，有人变得坚强，有人虽熔化了但却千古流芳。你要做哪一种人呢？其实，上帝给谁的幸运都不会太多，面对不佳的际遇、一时的坎坷，大多数人都只会抱怨命运的不公、上帝的捉弄，却很少有人能正视自己，冷静地反省自我，问一问是否已经将自己磨炼成一块金子，一块熠熠生辉的足以让人刮目相看的金子。



## 从小学习，受益一生

1920 年，张爱玲出生在旧中国一个曾经地位显赫的官宦家庭里，她的祖父张佩纶是清末著名清流派的代表，也是李鸿章的女婿。而张爱玲的父亲从小就一身遗少作风，养成了弄花吟月的恶习，因此夫妻总是不和。她母亲是南京黄军门的女儿，曾经留过洋。这样的家庭，从小就培养了张爱玲中国文化与西方文化相结合的修养，同时又养成了她敏感而冷漠、孤僻而实际的性格。

从小，张爱玲就显示出了非同一般的创作天赋。三四岁的时候，母亲就开始教她吟诵诗词。而聪明的她，一首诗词读不了几遍就能背诵下来。对于古典诗词，她有着极好的悟性，读完一首便能心有灵犀地仿作一首。7 岁的时候，张爱玲就能写小说了，看着她信手“涂鸦”的作品，母亲常常哈哈大笑。

9 岁的一天，小爱玲信笔画了一幅漫画，母亲说好，父亲也说好。于是，她就把画投给了报社，几天后，报社寄来了 5 元钱稿费，她兴奋地跳了起来。母亲说:“这些钱你随便花吧。”她高兴地跑到商场，买了一支丹琪唇膏，这让父母哭笑不得。

上初中的时候，张爱玲的文才就充分显露出来了。她所在的上海玛利亚女校，当时有一本文学校刊叫《国光》，张爱玲经常在上面发表小说、书评和论文。其中的一篇《霸王别姬》写得悲壮豪迈、慷慨激昂，让许多男儿叹赏，其文辞灿烂，也让许多文豪赞叹。

13 岁的一天，张爱玲在书摊上得到了一本张恨水的通俗小说，那曲折多变的情节深深吸引了她，这以后，她又专门找了几本相似的书读了。然后，她就突发奇想:“我要是也能写几部小说该多好啊。”之后的某一天，她就开始动笔了，人物都是《红楼梦》中现有的，贾宝玉、林黛玉，贾政、王夫人，袭人、晴雯，等等，只是这些人穿的都是现代人的衣服，说的也是现代人的话，做现代人做的事，乘人力车，在霓虹灯下谈情说爱……

每写好一个章节，张爱玲都要拿给父亲看，父亲往往会欣然提笔，拟上回目。到小说写成的时候，就订成上下两册的手抄本，赫然写上了书名《摩登红楼梦》。

张爱玲的文学作品至今仍然为人们所推崇，而且时间愈久，其魅力就显得愈强。甚至现在，台湾地区仍有一批研究张爱玲的专家学者，很多人都认为，张爱玲可以且应该获诺贝尔文学奖。

给孩子的心灵启示

小时候的广读诗书和良好家教，无疑培养了张爱玲独特又细腻的文学气质和个人修养，并最终成就了她的文学生涯。学习是没有尽头的，从小就养成读书的好习惯，对于以后的工作学习都将起到非常大的促进作用，甚至受用一生。

# 内在修养让自己更美丽



曾经有一位在事业上成功的女士讲述了她自己的奋斗历程，用她自己的话说，就是："丑女用自己的奋斗，用才华赢得尊重。"

她知道自己是一个不招人喜爱的丑小鸭。班上的文娱活动，都不会有她的份儿。

上大学后，集体郊游，几乎没有男生帮她提重物，男生手中的照相机总是对着漂亮女生闪个不停。

身为丑女，注定不会受人注目。那时，她的心理十分脆弱和敏感，非常害怕别人说自己丑，无论这个"说"是用嘴、用眼或用形体语言。她不仅忌讳"丑"字，就连形容女人漂亮之类的词语也觉刺眼。别人谈起谁谁漂亮时，她在内心里总希望他们快转移话题，或者总是找个借口走开。

上大学后，她将更多的时间用于博览群书，在书的海洋里，心灵得到了净化，也在读书的过程中，对美与丑有了正确的认识。她开始坦然地面对现实，不再将容貌当成自己在同龄人中地位与尊严的全部象征来看待了。

她开始坚信，没有谁能简单地仅凭漂亮脸蛋打拼天下。容貌虽然无法与别人相比，但她发誓在其他方面要让别人相形见绌。大学期间，除了学好专业课程，她攻外语，学电脑，练写作，参加演说……整体素质得到了很大的提高，成了系里屈指可数的才女。

毕业时，在严峻的就业形势下，她凭个人的综合能力，进入了一个机关工作。当她踌躇满志地进入单位，却又一次失望地发现，这个世界仿佛一直是男人的，许多单位当领导的、挑大梁的，大多是男人。女人，即便是漂亮女人，也好像只是单位装点门面的花瓶，就连端茶送水，也要找个眉清目秀的。

身为丑女，在这个被挤压得十分逼仄的生存和发展空间里，要想求得一席之地，只有凭借自己的内在实力，并且注定要在工作上比别人付出更多。

一开始，领导都不知道安排点什么活儿让她干更合适。她记得接到的第一桩任务便是校稿。她以一般人少有的细致功夫，几千字的文稿一次便校对成功，这在以前几乎是从没有过的，领导开始对她有了好感。

在以后几次校稿中，她把握好时机，显得有点“多嘴”似的向撰稿人委婉地指出文稿的不妥之处，并提出很好的建议。没想到其貌不扬的女孩竟有过硬的写作功底，领导和同事开始对她刮目相看，并安排她起草一些工作材料。

接到任务后，只要领导简单授意，她便能一气呵成，并让别人很难挑出毛病。熟悉了单位业务后，她开始承担起方案计划、总结报告、领导讲话等一系列重要文稿的起草任务，并在专业报刊上发表了一些研究论文和工作简讯，有点张扬但又让人信服地显示了自己的才华。

当时，网上办公、信息高速公路等都还只是口头上的时髦词汇，而她利用自己的网络技术，在免费的主页空间上建成了本单位的信息网站。领导一乐，又拨了笔资金购置了一批设备，在她的主持下，建成了内部局域网，基本上实现了办公现代化。为此，单位受到上级部门的好评，领导也在许多场合夸奖她是个人才。而且，她的外貌也没有影响她与同事们的交往，男同事们似乎更愿意和能力强、吃得起苦的女士合作；由于不会像漂亮的人那样争宠吃醋，她成了所有女同事的好姐妹。

她很快就融入了集体中，并成了其中积极活跃、不可或缺的一分子。工作不到三年，她就被提升为中层领导，开始从幕后默默耕耘的角色走向台前。

### 给孩子的心灵启示

真正决定一个人的未来和在他人心中地位的，永远都不会是表面的美丽。作为一个女孩，提高自身的知识和修养是当今时代必不可少的。不漂亮的女孩要通过内在的修养来弥补自己外在的不足，用内涵赢得别人的尊重；而漂亮的女孩则要摆脱“花瓶”印象，用真正的才华来映衬自己的外在美丽，这样才更令人钦佩。



## 用知识让自己更优秀

王阳明出生在一个封建贵族家庭。他父亲官至兵部尚书，但是，王阳明似乎一点也没有遗传到父亲的聪明。

传说他5岁了还不能说话，后来有一个不同寻常的人到他家，摸了一下他的头他就立即能够说话了。这个传说自有杜撰的成分，然而根据多种资料的考证，王阳明自出生到5岁确实不会说话，当时大家都以为他是一个哑巴。有的人还以为他根本就是一个白痴。但是他父亲不这样看。他觉得王阳明只是生病了。

他四处寻访名医，只要听说哪里有名医，他就派人去请。到王阳明6岁时终于把病医治好了。

王阳明病好之后，智力却显得一般。因为小时候不会说话，也没有读过书，因此，比起别的小孩儿，他显得笨拙一些。有人风言风语："他这么迟才开始学说话，当然笨啦。也别指望他会有大出息。"

小阳明本来就觉得自己比别人笨，现在又听到别人这样嘲笑自己，心里更加难受。他跑到父亲怀里哭诉："父亲，别人都说我笨，我真的很笨吗？"

父亲听了他的话，心里一阵酸楚："孩子，你不笨。为父一定好好教你，你会有出息的。不用在乎别人的嘲笑，你自己发奋努力，争口气让那些人瞧瞧，好吗？"

有了父亲的鼓励，王阳明又有了信心。他始终记得父亲曾经给他讲过的"笨鸟先飞"的故事，并时时提醒自己要努力学习。平时读书，别人读一遍，他就读两遍、三遍，甚至十遍。他抓紧时间，把别人玩耍的时间都花在学习上了。

白天他认真听先生的课，放学后，趁着还没有吃饭或者吃饭后，他就一个人跑进父亲的书房，认真读书，直到家人催促他吃饭、睡觉。年年如此，从不间断。

父亲见阳明如此争气，心里很是高兴。他也耐心给小阳明辅导功课，有时还请一些大学者给他辅导。

家里来了客人，谈论天下大事的时候，也让王阳明站在一边，向别人学习。母亲见了非常欣慰，便更加细心地照顾他。不仅给他收拾出一间书房，还不许别人去打扰他读书。

就这样，在父母的鼓励支持和他自己的努力下，王阳明的学习成绩提高很快。先生的提问，他也回答得很有主见，最后成了先生的得意弟子。

11岁的时候，王阳明有一次和父亲一道去拜访一个老和尚。夜里在山寺，老和尚设宴招待了他们父子。

因为大家都是文人，一时兴起，开始吟诗作对，王阳明听得入迷。

突然，他看到窗外一轮高挂的明月，还有那重重叠叠的山峰，心里一动，想到是月亮大呢，还是山大呢？按照书上的记载应该是月亮大，可是为什么总是看到山比月亮大呢？

他即兴作诗一首，叫作《蔽月山房》：山近月远觉月小，便道此山大于月。若人有眼大于天，还见山小月更阔。

他在这首诗里竟能用科学知识来解释一种生活现象，让他父亲和老和尚都觉得惊奇。王阳明从此开始慢慢出名了，被人传为神童。

**给孩子的心灵启示**

王阳明通过自己的努力，一步步前进，从智力平平甚至是被别人视为“白痴”的哑巴，到后来能够出口成章，被世人称为神童，他改变了自己。可见，知识是可以改变一个人的命运的，用充足的知识来使自己更强大，更优秀，是当代青少年一定要谨记的。



## 勤奋努力成就女将军

盖尔·里尔斯出生在美国纽约州一个非常普通的工人家庭里。她的父亲长期失业在家，却嗜好饮酒和赌博；母亲是一位普通的纺织工人，宽厚仁慈，坚强地独自支撑着这个家庭。

贫寒的家境使得里尔斯从小就非常懂事，从少年时期开始，她每天都要出去捡破烂卖钱，然后把挣来的钱如数交给母亲补贴家用。还没有念完初中，她就被迫辍学了。后来经别人介绍，她有幸到一位海军少将的家里做保姆。自此，里尔斯就一个人干着两个人的活儿，洗衣、买菜、做饭，每一样都要自己做。

时间转眼到了20世纪40年代末，年仅21岁的里尔斯加入了美国海军陆战队，在当时清一色的男兵中，她是为数不多的两名女性之一。开始的时候，里尔斯只是好奇地想体验一下军营的生活，希望将来能借此找到一个好工作。但面对严格的军事训练和艰苦的环境，她在眼泪和汗水中坚持了下来。

训练结束后，她被分配到了陆战队的资料室从事打字员的工作。她只有初中文化，要干好这份工作，并不是件简单的事，但是，生性倔强的她丝毫没有退缩。

聪明好学的里尔斯开始夜以继日地背诵生字单词，没多久，她就练就了一手熟练的打字技巧。她的这种勤奋上进的精神得到了上司的高度赏识，不久后，她就被送到了一所秘书学校进行学习。这个学习机会对里尔斯来说是十分珍贵的，她万分珍惜，在学习期间，十分勤奋用功，很快就在知识和技能上都得到了明显的提高。

从此以后，不论是远赴欧洲学习，还是在海军陆战队基地任职，里尔斯从不虚度光阴，她一如既往地勤奋好学，利用节假日读书，汲取知识营养，加紧弥补自己文化知识上的欠缺。

转眼快20年了，在里尔斯快40岁生日的时候，她的勤奋学习和奋斗终于让她脱颖而出，她成功地担任起了美国海军一所学院的副院长。两年之后，她的军衔从上校晋升为准将，她成为了美国海军陆战队某基地的首任女司令。



### 给孩子的心灵启示

知识可以改变命运，无论你出生于什么样的家庭，有着怎样不幸的经历，只要你勤奋学习，努力掌握知识，你就一定可以靠着自己的知识和才能，为自己赢得成就和美好的人生。每个想有出息的孩子，都应该懂得这个道理。

# 怀揣希望，坚定梦想

曾经，莫妮卡·皮茨只是德国科隆的一家名牌服装公司的员工，后来还当了一年半的营销经理。那个时候，她还是个不到30岁的女孩，而营销经理又没有太多的事情可以做，因此她越来越觉得无所事事。皮茨曾经想过，要换一个工作岗位，但是却遭到了上司的拒绝。再后来，公司就解雇了皮茨。在那之前，她从来没有想过，失业这件事会降临到自己的头上，但它确实来了。失业之后就得面临生活的巨大压力，而她一时之间，除了营销之外还真不知道应该做点什么。

一天，皮茨从报纸上看到了一则广告，广告在讲一个笔记本电脑的销售。皮茨仔细地看了一下，觉得这个笔记本电脑很便宜，而且还额外赠送很多东西。于是，她很快就订购了一台笔记本电脑。有了这台笔记本电脑，她就经常性地写一些小故事，而这些故事都是她已经想过很久的。写东西的过程让她感觉很愉快，而这也缓解了失业带给她的那些生活和精神压力。

开始的时候，皮茨只是想为了缓解自己的压力，并没有打算要发表。对她而言，最重要的是，在过去几年中她从未有机会去实现自己的一些梦想，而此刻，刚好可以实现了。半年过去了，皮茨完成了一本小说的书稿，她把它寄给了两家出版社。不久之后，其中一家出版社表示拒绝出版她的作品。但这并没有影响皮茨的信心和热情，她打算继续写作，然后再寄送别的书稿。

不久后，另外的一家出版社就出版了皮茨的作品，这大大激励了她的写作信心和热情。此后，她就更加勤奋地写作，并且成为了一名作家。

其实，促成皮茨成为作家的，正是她遇到挫折不气馁的信念，这样的人才会看到人生新的希望。而如果她在失业或者被出版社拒绝之后就一蹶不振，那么就绝对不可能再成为有名的作家。

**给孩子的心灵启示**

对一个女孩来说，走入社会后，要想自尊、自立，就必须要有文化知识，并且能够掌握生存的专业技能。要想在社会上立足，女孩靠的就是真才实学。从小好好学习知识，对女孩来说是终生受益的，只要你从小打好了基础，不断提高自己的知识和技能，就不会被社会所淘汰。

## 发挥自己的长处

有这么一个20岁出头的女孩，跟其他女孩相比，她觉得自己根本没有任何有特点或者说优越的地方：她出生在一个平常的家庭里，有着平常的父母、平常的相貌，读的是平常的大学，朋友中也没有人真正懂得去欣赏她——唯有一点，她有着非常丰富的想象力。在读大学的时候，这个姑娘总是花很多时间去想象，用我们的话说，她整天就在做着白日梦：穿着白衣裙的美丽姑娘、蔚蓝的天空、绿绿的草地，还有巫婆和魔鬼……这就是她最沉醉的一个爱好，没有人能从这个不争气的爱好中看到什么事业。有时候，她会把自己想象的情节用笔记录下来，但有些同学却根本受不了她脑袋里那些荒唐古怪的东西，他们觉得她奇怪极了。

一次，正当她与一个同学约会的时候，她突然想到了一个非常好的童话故事，于是她顺口就讲了起来，根本没有注意到那个同学是否爱听。结果，等她讲完了，那个同学对她说："这种故事简直就是小孩子的把戏，你已经不是小孩子了，怎么好像永远都长不大呢？"说完就走了。像这样的情况，她已经遇到过不止一次了，但她依然没有改掉自己爱幻想的习惯。

在她25岁的那年，她带着一丝忧伤和想要改变环境的想法，独自一人来到了幻想有浪漫色彩的葡萄牙，希望能在这里碰上好运气。到这里不久，她就找到了一份教师的工作。而在业余的时间里，她继续编写着自己脑袋里的那些童话。

不过，在浪漫的葡萄牙，她并没有得到她所希望的童话般的美好生活，不久后，她就与一名记者步入了婚姻的殿堂，但是没多久，他们就离婚了。



喜欢编织童话的她，在现实生活中遇到了许多挫折，而对她来说，生活是祸不单行的——刚离婚不久，她就被学校解聘了。失去了生活来源，在葡萄牙无法立足的她，被迫又回到了自己的故乡，靠着领取社会救济金和亲朋好友的资助生活。婚姻的失败和失业的压力打击了她，但没有让她放弃写童话故事的信念。这个时候，她总是把脑袋里的童话故事讲给自己的女儿听。

一个平常的天气里，她外出乘地铁，在冰冷的椅子上等车的时候，忽然发现了一个孩子：那是一个十多岁的男孩，身材适中，面容清秀，带着一副细黑边的眼镜，温文尔雅，神态自若，那样子像极了从她童话里走出来的人物。一瞬间，她的脑海里就浮现出了一连串的童话情景，多年的童话素材积累和生活阅历，刹那间汇聚成了此刻的灵感闪现，创作的激情也油然而生。一回到家，她马上铺开了稿纸，而一提起笔就停不下来了。

后来，她的小说发表了。起初，出版商并不看好这本书，但没想到，该书一上市就畅销全国，后来她又连写了7部，使得该书成为世界上最畅销的书之一。这本书就是享誉全球的《哈利·波特》，这个女孩就是乔安娜·凯瑟琳·罗琳，人们都称她为 J.K. 罗琳。

**给孩子的心灵启示**

古语说："寸有所长，尺有所短。"每个人都有自己独特的长处和不足。聪明的女孩总是善于发现自己的长处，扬长避短的，这样不仅可以取得令人艳羡的成就，同时还能在生活中显得落落大方，随意自如。因此，尽力去发现自己的长处，然后努力将长处扩大，你也可以成就自己。

## 积极进取，勇攀高峰

李月小时候就开始跟随一位姓马的老画家学习画画。她是个心灵手巧的姑娘，也学得非常认真，一段时间之后，她就将马先生的花鸟、山水、楼台的画作技巧都掌握了。

很多人都称赞她已经学到家了，不用再学了，但是她并不满足，总觉得自己还缺少一点最关键的东西。

一天，她看着马先生的名画，叹着气说："我的老师马先生技术绝伦，我难以和老师争名啊。但作为一个有上进心的人，怎么能够永远居于人后呢？"

随后，她就像发疯了一般，废寝忘食地思索这个问题，甚至忘记了早晨和黄昏、饥饿和冷热。几个月过去了，她依然在苦苦思索。

很快，马先生就了解到了学生的苦闷，于是，他就启发李月说，你应该去多读多看。李月听从了老师的话，开始学习书法、诗歌等艺术，博览百家的作品。但看过之后，到她自己画起来的时候，却还是处处都留着别人的痕迹，走不出自己的路子。她一下子又不开心了，整天愁着脸。

一天，马先生忽然对李月说：“你读过张钦的诗作吗？”

李月说：“先生，学生已经读过了。”马先生并没有再说什么。但随后，李月越想越觉得老师的问话一定有道理。于是，就再次拿出张钦的诗作读起来，到这时候，她才明白张钦的诗作是诗中有画，因此诗的意境非常美。此时，李月不觉自己问起自己来：“李月啊李月，张钦的诗中有画，那你呢，你的画中能不能有诗呢？”

一时间，她还不是非常明确自己提出的这个问题。于是，她一边走一边想，不觉走上了街道。这时，她忽然领悟了：马先生的画，张钦的诗，甚至怀素的字，都是有自己艺术特色的，而我李月却没有！一下子，她就豁然开朗了。她匆匆地跑进最近的一座店铺里，问老板要了笔墨纸砚，然后就在店堂的案桌上挥动起了画笔。

这样古怪的举止，一下子就吸引了店里的伙计们，连路人都忍不住进来看个究竟。一时间，店里店外都站满了人。

李月却似乎没有看到这些人，还在专心致志地画着。画好之后，她收起笔，拍着案桌就大叫起来：“我得到了，我终于得到了！”

人们一点儿也听不懂这画家的怪话，只是茫然地看着她的画作，只见画面上笔墨并不多，画的是什么也看不清楚，越看越像是一个发了疯的画家画出来的。

到这时，李月才发现周围有许多人在看她，于是她笑嘻嘻地向大家挥了挥手。人群这才开始散去，但奇怪的是，那画近看什么都看不出，但当离开一丈多地的时候，再看，寥寥草草的笔墨中却忽然出现了几茎水仙，有的刚刚长出，有的已经开了两朵嫩嫩的小花，水仙和水仙花，无不充满着初生勃发的气势。大家越看越好，不觉赞叹道：“怪人怪画，真是越怪越好。”

李月默默笑着收起了画作，走了。这之后，马先生就发现，学生李月突飞猛进，这让他喜不自胜，见人就说：“我徒儿李月，就像王右军之后出了个鲁公一样，当老师的看到学生如此长进，真是开心啊。”

### 给孩子的心灵启示

生命有限，而学海是无涯的。拥有进取心，就意味着你拥有良好的思考力，可以在思考中不断落实和推进自己的人生目标。拥有进取心的人，不会消极地看待生活，而会满怀激情地生活，并攀登新的高峰。

# 第五章

# 思考会让你脱颖而出

# 学会发现问题

爱因斯坦小时候发育比较迟缓，到了三四岁时还不大会说话。但是，他小小的脑袋里却装满了各种各样稀奇古怪的问题。他经常托着下巴，一幅全神贯注思考的模样。他经常想："雨为什么会从天上掉下来？月亮为什么不会从天上掉下来？"

到爱因斯坦四五岁的时候，爸爸给了他一个罗盘。他特别喜欢这个玩具，于是总是爱不释手地反复摆弄。渐渐地，爱因斯坦发现了一个奇怪的现象：罗盘的指针轻轻抖动、转动，但是只要一静止，涂着红色的一端总是指着北方而另一端总是指着南方。

"这是为什么呢？"爱因斯坦陷入了思考。

于是，他开始不断地尝试，他先是小心翼翼地转动罗盘，想偷偷地让罗盘指针指向别的方向。但是，罗盘仿佛早就猜出了他的心思，让爱因斯坦失望的是，红色的一端仍然固执地指向北方。他继续琢磨着妙招，他突然猛转身子想让罗盘措手不及，但等指针停来时一看罗盘上红色的一端还是指向北方。

"真奇怪！"小爱因斯坦惊讶极了。

"为什么它总是指向南北，而不指向东西呢？"他喃喃地向自己提出了一个许多小朋友没有想到的问题.

这个罗盘显然紧紧地抓住了他的心，他为罗盘的指南性着了迷，也为自己提出的罗盘问题着了迷。他一个人玩着，尝试着，他痴痴地思考着，整天精神恍惚，甚至是沉默不语，他的父母还以为他生病了呢！

终于，他找到了一个答案：“这根针的周围一定有什么东西在推着它！”他终于想到了是因为罗盘的周围藏着某个神秘的东西。

正是有了这种从小就积极思考的好习惯，爱因斯坦才最终成为了举世闻名的科学家。

**给孩子的心灵启示**

爱因斯坦说：“提出一个问题比解决一个问题更重要。”能否提出独特的问题对一个人的创造能力是非常重要的。一个人善于动脑和思考，就会不断发现问题。对孩子来说，学会提问更是学习积极主动的表现，有疑而问，由问而思，有利于培养创新精神和创造能力；相反，如果提不出问题，说明你的学习过程还不够深入，对自身能力的培养还不到位。

# 别让权威埋没了真理

丹妮顺利通过了大学考试，成为剑桥大学的一名在校大学生。经过一个学期的刻苦学习，她的成绩名列前茅。

一次，在一堂实验课上，阿尔法教授安排学生们做实验，他详细讲解了做实验的具体步骤，然后让学生们自己动手操作。小丹妮按照阿尔法教授在课堂上讲述的步骤做实验，结果却总是跟教授讲述的理论不符合。

于是，小丹妮又重新做了好多次实验，发现理论与实验的结果还是不符合。她开始仔细研读教科书上的相关的理论和具体实验的部分内容，结果她震惊地发现，阿尔法教授讲述的实验步骤中有一个错误的地方。

随后，丹妮就把自己的发现和看法告诉了阿尔法教授。但教授说："那一定是你自己弄错了。"

丹妮说："我完全是按照您讲述的实验步骤来做实验的，但是结果却总是不符合，也许是您设计的实验步骤有一些问题。"

阿尔法教授于是问："如果真是这样，那为什么其他同学都没发现错误呢？"

丹妮说："他们或许在按照您讲述的步骤做完实验后，没有仔细去检查实验的结果。"

阿尔法教授开始有些将信将疑了，他说："难道我设计的实验步骤真的错了吗？让我去仔细看看。"

丹妮于是和阿尔法教授一起来到了实验室，教授开始亲自指导着丹妮做实验，结果，确实是实验步骤有错误。

看到这样的结果，教授对丹妮说："真没想到我设计的实验步骤，其他同学都做了，却只有你一个人指出它有错误。看来，我得重新设计这个步骤了。"

丹妮马上说："也不用全部否定啊！其实，只要改进一个地方就可以了。"

接下来，丹妮就把自己的建议告诉了教授。教授一听非常高兴，情不自禁地夸奖起了丹妮："你喜欢思考，而且敢于质疑，是个好学生，你提出的建议让我的设计方案更加完美了。"

丹妮不好意思地说："其他同学是太崇敬您了，以至于丝毫都没有怀疑您的设计会有什么错误，其实我也是反复做了多次实验之后，才发现了问题的。"

阿尔法教授高兴地说："虽然你用事实证明了我的设计方案有问题，但我还是非常高兴，希望你将来比我更加优秀。"

丹妮也果然没有辜负阿尔法教授的期望，两年后，她就如愿地被学校录取为研究生。

**给孩子的心灵启示**

富兰克林曾经说："读书使人充实，思考使人深邃，交谈使人清醒。"在我们读书学习的过程中，一定要学会独立思考，一旦发现问题要敢于质疑，千万不要盲目崇拜学术权威和专家的理论。

## 思考带来财富

美国一位工程师和一位逻辑学家是莫逆之交。一次，两人相约赴埃及参观金字塔。到埃及后，有一天，逻辑学家住进宾馆后，便写起自己的旅行日记。工程师则徜徉在埃及的街头，忽然耳边传来一位老妇人的叫卖声："卖猫啊，卖猫啊！"

工程师顺着声音找去发现，在一位老妇人身旁放着一只黑色的雕塑猫，标价500美元。这位妇人解释说，这只玩具猫是祖传宝物，因孙子病重，不得已才出卖以换取住院治疗费。工程师用手一举猫，发现猫很重，看起来似乎是用黑铁铸就的。不过，那一对猫眼却是珍珠的。

于是，工程师就对那位老妇人说："我给你300美元，只买下两只猫眼吧！"

老妇人琢磨了一下，觉得行，就同意了。工程师回到了宾馆，高兴地对逻辑学家说："我只花了300美元竟然买下两颗硕大的珍珠！"

逻辑学家一看这两颗大珍珠，绝不止300美元，少说也值上千美元，忙问朋友是怎么一回事。当工程师讲完缘由，逻辑学家忙问："那位妇人还在那里吗？"

工程师回答说："她还坐在那里。想卖掉那只没有眼珠的黑铁猫！"

逻辑学家听后，忙跑到街上，给了老妇人200美元，把猫买了回来。

老朋友见后，嘲笑道："你呀，花 200 美元买个没眼珠的铁猫！"

逻辑学家却独自坐下来摆弄、琢磨这只铁猫，突然，他灵机一动，用小刀刮铁猫的脚，当黑漆脱落后，露出的是黄灿灿的一道金色的印迹，他高兴地大叫起来："不出我所料，这猫是纯金的！"

原来，当年铸造这只金猫的主人，怕金身暴露，便将猫身用黑漆漆过，俨然如一只铁猫。

对此，工程师十分后悔。此时，逻辑学家转过来笑着对他说："你虽然知识很渊博，可就是缺乏深入思考，分析和判断事情不全面、不深入。你应该好好想一想，猫的眼珠既然是珍珠做成，那猫的全身会是不值钱的黑铁所铸的吗？"

### 给孩子的心灵启示

正如逻辑学家所说的，思考能够带来智慧，促进原有的知识产生一股力量，可以吸引、带来财富，更可以带来思考过后收获的愉悦。一个普通人，由平庸变成伟大一点儿也不出人意料。他只不过是在别人尚未觉察和思考时及时调整了自己的思考角度，改变了自己的思考和行为方式，而且实事求是地及时采取了行动而已。



## 打破常规思考

有个胖女人，胖得连路都走不动了。她去找医生，想要一些减肥药。

医生让她坐下来，详细地询问了她的病情。女人说，她越来越胖，担心总有一天身体要爆炸。

"大夫，我求你给我一种好药。"胖女人央求他。

"你先付了钱，明天再来找我！"医生对她说。

女人付了许多钱就回去了。

第二天，胖女人又来找这个医生。医生把她从头到脚检查了一遍，看了看她的嘴，摸了摸她的手和脚，对她说："尊敬的太太，我读过22456本书，研究过1800万颗星星，我可以准确地告诉你。再过7天你就要死了，那还需要什么药呢？你就回家去等死吧！"

胖女人听了医生的这番话，吓得浑身发抖。回到家里以后，她一直想着自己就要死了。她不停地数着，看她在人间还能活多少个小时。她什么也不肯吃、不肯喝，到了晚上也不肯睡觉。她一天一天、一小时一小时地瘦了下去。7天过去了，女人躺在床上，唉声叹气地等着自己的死期。可是，死亡根本没有降临。到了第8天、第9天，她还是没有死。

女人忍不住了，就去找医生。这时候，她已经瘦了许多，走起路来步子已经很快了。

"你这个骗子！"她愤怒地说，"你凭什么拿我那么多钱？你向我保证过，说我7天以后一定会死，可是今天已经是第9天了。我已经看透你了，你是个骗子！"

医生冷静地听她说完，就问她："告诉我，你现在是胖了还是瘦了？"

女人回答说："我可是瘦多了！一听说要死了，我吓得一天比一天瘦！"

于是，聪明的医生就对她说："我这么一吓唬你，比太上老君的灵丹妙药还灵，可是你还说我是个骗子！"

已经变得苗条了的女人恍然大悟，从此她和这个医生成了好朋友。

### 给孩子的心灵启示

如果医生依照常规做法给那个胖女人开药方，那减肥的效果肯定不会太好，正是因为医生这个打破常规的"药方"，才使得胖女人的减肥效果立竿见影。勤于思考，打破常规，往往能取得意想不到的效果。孩子们，如果能锻炼自己的思维，学会适时打破常规思考，一定会有意想不到的收获。

# 成功需要勤奋，更需要思考

在一户普通的人家里，有两个上学的小女儿。两个孩子都非常聪明可爱，做爸爸的非常想考察一下她们究竟谁更有做事的能力。

这天晚上，爸爸把两个女儿叫到眼前说："我这儿现在有两袋花生，你们一人一袋拿去剥，看看花生是不是都是包着红皮的，谁先剥完，并且准确地说出答案，谁就是最后的胜利者，现在，快去剥吧！"

两个小姑娘都答应了，她们各自把花生带到了自己的房间，准备开始剥花生。大女儿回到房间后，什么都没有想，马上开始动手剥花生，想赶紧剥完。而小女儿呢？她回到房间后，并没有马上开始剥花生，而是一边看着花生一边想："爸爸让我们剥花生到底是想要什么答案呢？看样子一定不可能是让我们一个一个地去把花生剥开，因为一个一个地剥，我肯定没有姐姐剥得快，那还比什么呢？姐姐肯定是胜利者。所以，这里面一定有技巧，一定不是要一个一个剥的。"

就这样，小女儿就一边剥着一边想着：到底有什么技巧呢？一定要赶快找到答案。时间一点一点过去了。大女儿整整剥了一个晚上，一直到鸡叫了才把最后一颗剥完，而小女儿则最终找到了技巧，很早就睡觉去了。

第二天一早，爸爸要验收成果了。大女儿由于睡得太晚，起得迟了，一起床就匆忙地往爸爸那里跑。而此时，她看到妹妹已经先来了，奇怪的是，她面前还放着半袋没有剥完的花生。

爸爸看着她们，然后说："都来了，那好，二妮先来的，就二妮先说吧。”

小女儿于是说道：“袋子里所有的花生都是红皮包着的。”

大女儿一听，忍不住问：“你都没有剥完，怎么知道都是红皮的呢？”

小女儿说：“我虽然没有全部剥完，但我把它们分了好几类，肥的、瘦的，大的、小的，干净的、脏的，一个仁的、两个仁的、三个仁的，反正各种各样的我都挑了几个剥开看看，结果发现，全部都是有红皮包着的，因此我肯定，这袋子里的花生都是由红皮包着的。”

爸爸在一旁听了，高兴地点了点头，而大女儿听了却低了下头。

**给孩子的心灵启示**

做事需要的不仅仅是勤奋努力，还需要积极动脑筋。生活中，我们周围不乏刻苦认真的人，但他们的成绩就是上不去；也有许多人，他们工作非常勤奋，却没什么太大的成就；许多人做事非常努力，但就是赚钱不多，囊中羞涩；一些学者埋头苦干，实验无数，但就是没有创新，无所突破……虽然原因各异，但缺乏思考无疑是其中非常关键的一个原因。



## 应变思考，从容脱险

美国某家电视台正在播放一条悬赏通缉抢劫杀人犯霍勒斯·波特的通告。而这个杀人犯却借着夜幕的掩护，闯进了一座别墅。

“不许喊叫！否则，我会打死你！”杀人犯用手枪对准惊愕的劳拉。

劳拉大吃一惊：他不就是正被通缉的杀人犯吗？她吓得跳起来，直往后退。

杀人犯说：“别害怕，小姐，只要你老老实实，我不会伤害你的。”说着把门、窗都关上，顺手从食品柜里拿出一碟三明治，坐到劳拉身边，美餐了一顿。

“漂亮的小姐，你怎么一个人待在家里？”杀人犯边吃边问，“有钱吗？快拿来！”劳拉摇摇头。杀人犯见她的手上戴着一枚宝石戒指，便一把捋了下来。

忽然，门外传来了刺耳的警笛声，一阵急促的脚步声由远而近。

有人敲门。杀人犯脸色骤变，用手枪抵住劳拉的背，压低声音说：“你就说已经脱光衣服睡了，有事明天再来！”劳拉问道：“谁呀？”

门外的人说：“我是刑警斯蒂文斯，请问劳拉小姐，这里来过可疑的人吗？”

劳拉尽量克制住内心的恐惧，镇定地说：“没有来过，我丈夫刚从华盛顿演出回来，您托他买的东西买到了。可是，史蒂文斯先生，我丈夫已经睡了，您明天再来找他好吗？”

史蒂文斯一听这话，不禁一愣，他知道劳拉小姐根本没有结婚。他立刻明白了：劳拉小姐是在暗示他她家里来了一个男人，她一定是受到了威胁，不能说出真实情况。这个男人很可能是那个杀人犯！为了麻痹对方，史蒂文斯也随机应变地说：“好的，谢谢您，明天我一定来看望老朋友，不打扰了。晚安！”

脚步声远去后，杀人犯松了一口气，又从食品柜里取出一瓶威士忌，美滋滋地喝了起来。忽然，门被人踢开了，史蒂文斯端着枪冲了进来。与此同时，玻璃窗也被打碎了，从外面伸进几支枪。劳拉小姐早有准备，马上跑到一边去，不让杀人犯拿她当人质。

杀人犯霍勒斯·波特就这样被劳拉送到了他该去的地方。



### 给孩子的心灵启示

爱默生说：“思维是行动的根本。”不合常理的地方往往会引起别人的疑心，劳拉就是利用这一点从容脱险的。思维的广阔性是不可限量的，关键时刻的快速反应总能收到意想不到的效果。那些成功的人士一向重视思考的重要性，不经过思考的行动必将招致不幸。

# 面对真理也要敢于质疑

琴纳是一位长期生活在英国乡村的医生，对民间的疾苦有着深切的了解。当时，英国的一些地方发生了天花，夺去了许多儿童的生命。琴纳眼看着那些活泼可爱的儿童染上天花，因没有特效药，不治而亡，内心十分痛苦。

有一天，琴纳到一个奶牛场，发现一位挤奶的女工尽管经常护理天花病人，却从没有得过天花。这令琴纳很是疑惑，因为天花的传染性很强，究竟是什么原因让挤奶女工得以幸免呢？琴纳隐约感到这其中隐藏着什么。他仔细询问后得知，她幼时得过从牛身上传染的牛瘟病。这个发现使琴纳联想到了一个问题，可能感染过牛瘟病的人，对天花具有免疫力。

想到这一点后，琴纳感觉自己已经找到了解决问题的突破口，于是马上采取行动，大胆地试验。他先在一些动物身上种牛痘，效果十分理想。为了让成千上万的儿童不再受天花之灾，他顶住一切压力，在当时仅有一岁半的儿子身上接种了牛痘。接种后，儿子反应正常。但是，为了要证明小孩是否已经产生了免疫力，还要给孩子接种天花病毒，如果孩子身上还没有产生免疫力，那么，他的儿子也许就会被天花夺去生命。

为了千千万万的儿童能够健康成长，琴纳豁出去了，把天花病毒接种到自己儿子的身上。结果孩子安然无恙，没有感染上天花，琴纳的实验终于成功了。从此，接种牛痘防治天花之风从英国迅速传播到世界各地。

给孩子的心灵启示

人们总是羡慕发明创造者，实际上，我们身边就有许多成功机会，就看你善不善于捕捉它。捕捉成功的机遇，取得意想不到的创新成果，往往取决于我们有没有捕捉问题的敏锐头脑，有没有善于从司空见惯的现象中发现问题、捕捉疑点的慧眼，有没有在权威下过“结论”、做过“论断”的所谓“终极真理”面前敢于质疑的勇气。

# 脚踏实地去学习



一只猴子自以为见过世面，知道的道理深而广，因此，不管谁有什么弄不清的事情，都愿意去问它。

有一天，鸭子问猴子，小河上那个旋转着的木轮是什么？鸭子说，如果是车轮，它理应向前走，而不是原地不动。

“那叫水磨！”猴子打了个呵欠伸了个懒腰，“水冲打在木轮的槽上，推动了木轮，草房里的石磨就转动起来。南方有些地方也用这个方法舂米。”

“可是，木轮是立着转的，而石磨是平躺着转的呀！”鸭子仍旧有所疑惑，语气中多少有点不服气。

“这……”猴子确实弄不清石磨为什么平躺着转，但它是有自尊心的，不愿意向任何人露出自己的无知——哪怕是情有可原的无知。

“傻家伙！你是不是也想问问你的嘴为什么是扁的呢？”

大家哄笑起来，同时也觉得，这些浅显的道理猴子一定懂得，鸭子是太愚蠢了。

又有一天，喜鹊对猴子说：“那天，我飞到公路旁边，有种什么声响把我吓坏了！嗡嗡的，像铁鸟叫，可天上明明没有铁鸟……”

花猫在一旁点头证实。它那天在公路附近找食的时候，也听到过这种声响。

“公路旁边？……那是电线杆子响的吧？”

“为什么有的电线杆响，有的就不响呢？”

“这……”猴子含含糊糊地答道，“为什么为什么，哪儿来的这许多为什么？爱打破砂锅问到底可未必是一种好习惯！……为什么你的颜色和乌鸦的就不同？”大家又一同嘲笑起喜鹊来。

虽然猴子几乎每一次都能让大家在笑声中忘掉问题，但是时间久了，大家还是发现了它的真面目，于是慢慢地就都不来问它问题了。而猴子呢，它自己也在伤心地想：“要是我多想想其中的原因，也许这些问题我就都懂了。”

**给孩子的心灵启示**

猴子，貌似学识渊博，见多识广，却搞不清水磨和风车的区别，飞机和电线杆响得不同，别人再问，它就训斥别人。骂别人是“傻家伙”，其实它自己才是地地道道的“傻家伙”。我们可不能像猴子一样，只是一知半解。要知道，真正的聪明和智慧是靠不断地学习和实践得来的，一时的虚荣和懂得并不能让你走得更远。



# 用心去画画

有一位擅长画猫的画家，由于画技高超，笔下的猫都栩栩如生，以至许多人把他的画买回去挂在家里后，家里的老鼠都逃光了。因此，画家被人们誉为“猫王”。

不过，这位画家性格比较古怪，一生只带了两个徒弟孙超和王品。一天，画家把二徒弟王品叫到跟前，说：“你可以出师了，你不但学到了我画猫的全部技巧，而且还在很多方面超过了我。”二徒弟王品说什么也不愿意离开师傅，但画家态度坚决，王品只好含泪辞别了师傅。

大徒弟孙超见此，便心急火燎地找到画家说：“师傅，我也要出师。你为什么只让师弟出师呢？要知道我比他还早来半年呀！”

“的确，你跟我学画的时间比他长一点，但是，你这一辈子，恐怕永远也出不了师了。”画家严肃地说。

“为什么？”大徒弟孙超极为不解。

“你跟我学画，只知模仿，却没有任何创新，也就是说，你是在用手画画。而你师弟呢，则是用脑子画画，他画的猫在很多细节方面已超越了我。你的基本功虽然很扎实，但不善于思考，不善于用脑，这就是你永远出不了师，也永远无法超越你师弟的原因。”大徒弟孙超听后，不服气地走了。

若干年后，大徒弟孙超画的猫在市场上无人问津，而二徒弟王品则成了远近闻名的“猫神”。人们都说他画的猫已超过了他师傅。



## 给孩子的心灵启示

故事中，大徒弟和二徒弟学画的时间差别不大，而且出自同一师门，但两人的结局却是天壤之别。二徒弟成功的奥秘便是缘于他勤于思考。青少年朋友，如果你们不勤于思考，而只是如大徒弟一般“走马观花”，学得一点皮毛知识，你的学习成绩肯定不好。在学习的过程中，如果不多问几个为什么，那么你所学的知识和你所阅读的书籍对你的用处就不大。

# 别扼杀了孩子的好奇心

很多小孩子都有好奇心，有时候简直让人接受不了。

琪琪一岁两个月的时候，有一次全家去酒店吃饭，酒店地上铺的是一种渗花瓷质砖。

看到脚下好看的花纹，琪琪开始指着其中的一块地砖问妈妈："妈妈，这是什么？"

妈妈耐心地解释说："这是一块地砖，用它来铺地，又好看又容易搞卫生。"

小家伙似懂非懂地点了点头，然后又指着另一块地砖问："这是什么？"

妈妈依旧耐心地说："这也是一块地砖。"但女儿一点儿也没有罢休的意思，依然兴味盎然地指着一块又一块的地砖不停地问"这是什么？这是什么？这是什么……"最后，直到把所有的地砖都指了一个遍，她才心满意足地说："我知道了，这些都是地砖，都是用来铺在地上的"。

到这个时候，妈妈才惊异地发现，原来女儿并不是在简单地重复着同一个问题，而是进行从无数单个事物中发现其普遍规律的抽象思维的活动。

琪琪发现每一块地砖的花纹虽然不同，但有一个共同的特征：都是铺在地上的。

这是一个多么伟大的发现：从具体到抽象，从特殊到一般。人类认识世界、改造世界，就是这样开始和起步的。而这一切，都是由好奇心引起的。

给孩子的心灵启示

好奇心是人的天性，对小孩子来说，拥有好奇心就等于拥有了最初思考的萌芽。孩子的生活里到处都充满着好奇，孩子在这些千奇百怪的想象里成长。他们总是爱问父母一些“为什么”，总是对很多事情都充满了好奇，作为父母或者长辈，应该注意保护好孩子的好奇心，千万不要扼杀了孩子的好奇心。

# 学会借用外力



二战期间，在德军占领的芬兰北部地区出现了一个神秘的抵抗组织，它是由英国飞行员约翰尼领导的。这个抵抗组织多次卓有成效地打击了被占领区的德军，约翰尼也就成了名噪一时的英雄人物。

后来，芬兰解放了，盟军开始寻找这个神秘的英雄人物。调查的结果是，约翰尼于新中国成立前夕就病故了。英国皇家空军在自己的飞行员名单中也没有发现约翰尼其人。但是，他的事迹却广为流传。当地的抵抗战士谁也没见过约翰尼，只知道他的指令、计划都是由一个名叫安妮的小姑娘传达的。后来盟军找到安妮才弄清了事情的真相。

原来，安妮和她的弟弟一直要求参加当地的抵抗组织，由于他们年幼未被接纳，但他们的决心一直没有动摇。一天晚上，他们在家门口发现了一个受重伤的英国皇家飞行员，他们觉得护理这位飞行员也是为战争作出一份贡献，所以尽心尽力地照顾他。但是这位飞行员还是因伤重而去世了。

姐弟俩非常伤心，弟弟天真地说：“如果飞行员不死，就能领导我们开展抵抗运动了。”

姐姐听了弟弟的话，一个主意油然而生：“即使他死了，我们仍可利用他的名义开展对敌斗争。”姐弟俩收藏起飞行员的遗物和证件，组织起一个抵抗小组，声称这个抵抗小组是由英国皇家飞行员领导的，他们姐弟俩只不过是飞行员的小交通员。人们见到了飞行员的证件，很快相信了确有其人，由于有英国皇家飞行员当领导，这个抵抗组织的成员越聚越多，团结在这个并不存在的英雄身边。抵抗小组受到了英雄的鼓舞，士气大增。他们多次出击，使得德军频频失利，大伤脑筋。这个抵抗组织就是“约翰尼抵抗组织”。

事实上，这个抵抗组织是由安妮小姑娘所领导的，当盟军问她：“你为什么不亲自出面呢？”

安妮笑笑说：“我们姐弟只是乡下孩子，连参加战斗都不被接纳，假如由我们组织抵抗运动，谁会跟我们走呢？”

“于是，你们就借用了英雄的力量来进行号召，对吗？”盟军非常欣赏安妮的做法。

安妮笑得更加爽朗了：“这不能算是欺骗行为吧？”

### 给孩子的心灵启示

安妮利用英国皇家飞行员的身份号召大家参加运动，这无疑是一个聪明的做法，因为她树立起了一个人们都相信的权威，在权威的领导下，一切都变得简单了。哈佛的教授就曾这样告诉学生，当一个人的力量不足以解决问题时，要善于思考，借用外力来达到自己的目的。

# 第六章

# 用洁净营造美丽心情

# 给女孩一个高雅的身份认同

我的小表妹是个特别淘气的小女孩，总是喜欢在地上打滚，刚刚换上的新衣服，她不到三分钟就弄得又脏又破的。她妈妈拿她一点办法也没有，有时候也打她两下，但打过之后，她照样淘气。因此，她妈妈只好专门给她准备了几件在地上打滚用的旧衣服，让她一回到家里就赶快换上，然后任由她撒野打滚去。

但是，不久前的一件事情彻底改变了这一现状。

一次，小表妹的叔叔从外地回来，给小姑娘带回了一个漂亮的礼物——一件纯白色的公主样式的连身裙，蕾丝的裙边、收腰的蝴蝶结、两指宽的吊带、栀子花一样厚实的布料……一切看起来都是那么的完美无瑕，小女孩一下子喜欢得不行。

就在她妈妈担心这么漂亮的衣服，不知又要被她弄成什么脏样子的时候，小女孩的表现让大家都吃了一惊。

第二天一早，当全家人都在吃饭的时候，小女孩出来了。她穿上了那件美丽的公主裙，而且全身上下都发生了惊奇的变化。她变得安静、规矩、懂事，仿佛一开始就是个好姑娘。

从那以后，小女孩彻底改变了，她再也不是那个在地上滚来滚去的野丫头了，她变得很有规矩，又安静，还很爱干净，房间里总是收拾得整整齐齐，自己的衣服也都穿得干干净净。而那条洁白的公主裙，她一直穿了一整个暑假，竟然连一滴墨水也没有沾上！

大家都惊讶极了，她妈妈更是逢人就说：“没想到，一件公主裙竟然把个野丫头变成公主了，还真是神奇。”

可不是吗，当小女孩穿上公主裙的时候，她就真的是个公主呢，那个看似不起眼的公主裙，却给了她女孩的洁净和优雅，让她找回了女孩本该有的那份美丽，真是神奇极了。

**给孩子的心灵启示**

你觉得神奇吗？一件公主裙竟然让一个淘气的小女孩变成了一个懂事的小公主，这听起来匪夷所思，但用心一想就该明白，哪个女孩不爱美呢？漂亮的公主裙穿在身上，任哪个女孩都会觉得自己是个公主了，这么漂亮的公主,又怎么能够再躺在地上打滚呢？因此,对待淘气的女孩，父母不妨就用这种“给她公主裙”的方式来教育她，让她自然地意识到美丽和干净对女孩的重要性，这样她们就会把自己打扮得干净漂亮了。



## 保持身体洁净是件崇高的事情

犹太人拉比在给学生授完课后，就和他们一起走出了课堂。一起走了一段路之后，他们要分手了。学生们问他：“老师，你要去哪儿？”

“去履行一项宗教责任。”拉比回答。

学生们好奇极了：“哪一项宗教责任？”

“到浴室洗澡。”拉比说。

学生迷惑地追问：“这是宗教责任吗？”

拉比回答说：“如果有人被指派去擦洗剧院和马戏场的国王雕像，在做这件事的时候，他不仅赚到了钱，而且还结识了贵族。那么，照着上帝的形象被创造出来的我们，不更应该保养我们的身体吗？”

“不要留心你的食物，要留心你的衣服。”在犹太人看来，不讲卫生，不修边幅是很没有教养的表现。他们参加宴会或者去朋友家做客的时候，都会穿着非常干净的服装，剪短指甲，仔细洗净自己的手指。他们认为如果带着一双脏手上桌面，不仅不卫生，而且是对主人的不敬。

犹太人的卫生观念源于他们从小养成的卫生习惯。犹太父母非常重视孩子的卫生习惯，在孩子很小的时候，就已经养成了早晚刷牙洗脸，饭前便后洗手，定期洗澡洗头等好习惯。

在我们看来，讲卫生只是一种生活习惯，根本没有必要提上桌面讨论。但对于犹太人来说，讲卫生，保持身体的洁净，却是一件非常神圣的事情。在犹太人中，上至学者、贵族，下至平民百姓，无一例外都有着良好的卫生习惯。他们的这一表现，让许多人觉得新鲜，但细想之下，却颇有道理。

**给孩子的心灵启示**

在这个故事中，保持身体的清洁被视为一种宗教责任，是因为犹太人认为人是上帝的杰作，身体必须受到敬奉。洗澡是一件宗教义务，它本身也有益于身体健康。洁净身体对犹太人来说，已经不是一种世俗问题，而是一件崇高的事情。这虽然听着有些可笑，但仔细想想，保持自身整洁本身就是一件人人都应该去做的事情，是一件好事情，把一件好事情当作一件崇高的事情去做，又有什么不可呢？要想一位做有出息的孩子，是不是也应该怀着虔诚的心去履行讲卫生这个习惯呢？



## 让细心整洁为自己的优秀加分

贝蒂是个非常漂亮的小姑娘，但她的那些朋友们却总是叫她“粗心的贝蒂”。这是因为，贝蒂总是把东西放得到处都是，上学的时候也总是丢三落四的，每一次，妈妈都要在她起床上学后帮助她收拾房间。

妈妈曾经提醒过贝蒂，要从小养成细心、干净整洁的好习惯，要是一直如此粗心，不仅会影响到自己的学习成绩，等长大了以后还会妨碍到自己的工作和事业。但贝蒂却总是对此不屑一顾，妈妈对她说的话，她完全是一只耳朵进一只耳朵出。

一天，贝蒂正在花园里看书，这时候，她的好朋友安琪来找她："贝蒂，我的表弟要借我的《鲁滨孙漂流记》画册看，你早就应该看完了吧，快点儿还给我吧。"

"哦，你等下，让我去找找。"贝蒂说着，就起身去找画册，一边找一边还说，"上次拿回来的那些画册，我现在都不记得放在哪里了。"

找了半天，没有找到，贝蒂焦急地问正在厨房做家务的妈妈。

"那些东西不一直都在你的房间里吗？难道你自己都不记得放哪里了？"妈妈说。

"哦，我想起来了，安琪，你稍微等一下，我马上就去拿给你。"贝蒂很担心自己不小心弄丢了，那样安琪会很生气的。

贝蒂再次来到自己的房间，准备再深入找一下，但此时，她却看到自己的宠物狗正在撕咬画册——那么一本精致优美的《鲁宾孙漂流记》已经被小狗咬烂了，此刻已是面目全非！

"哦，我的天啊，那可是我姑姑专门送给我的生日礼物啊！"看到这里的安琪马上生气地喊起来，"贝蒂，看看你究竟是怎么保管我的图书的！你一丁点儿都不懂得珍惜它们，我以后再也不借书给你了。"说完，她就哭着离开了。

而此时，伤心的贝蒂也忍不住流下了眼泪。

妈妈看到了，过来轻轻地安慰贝蒂："你是不是不注意，把画册放到了小狗可以够得到的地方？我都提醒过你多少次了？！没事了，我去买一本新画册给安琪吧，你以后千万不能再这么粗心大意了。"

从那以后，贝蒂彻底变了，她无论做什么事情都不再粗心了。安琪也很快就原谅了她，她们又成好朋友了，而其他的小伙伴们，也都更加喜欢贝蒂了。

给孩子的心灵启示

人们常说:“失之毫厘，谬以千里。”很多人失败的原因都是太粗心了，所以我们无论做什么事情都不能太马虎。作为一个女孩，整洁干净是必备的素质，养成洁净、细心、认真的习惯，才能成为一个优秀而美丽的女孩。

# 洁净，从细节开始



这是一个迪士尼游乐园游客的真实经历。

五一假期，小王带女儿到香港特区迪士尼乐园游玩，她的第一印象和大家一样：洁净，非常洁净，就好像是一个新开的乐园，园内的每一样设施都如同崭新的一样，干净的地面几乎一尘不染。但是，实际上，香港特区迪士尼乐园已经开园一年半有余了，而且每年接待的游客量达到了500万人次，在这样的情形下，他们是怎么保持如此的洁净呢?

带着这样的疑问，小王就一边陪同女儿游玩，一边很细心地留意身边的事。不久后，一件小事让她知道了事情的原委。当她们坐在一处游乐设施旁边休息时，旁边的一名游客正在喝可乐，他一下子不小心打翻了可乐瓶子。虽然他赶紧捡起了瓶子，但还是有大半瓶的可乐洒到了地上，这名游客也没有太理会，径直就走开了。就在这时，附近的一名迪士尼保洁员迅速地跑了过来。她一边招呼游客不要踩到地上的可乐，一边开始清扫工作。只见保洁员首先把洁白的吸水纸铺在可乐污迹上，将地上的可乐吸干，然后又倒了一些清水在污迹上，用扫把反复擦洗，之后再用吸水纸吸干污水。她就这样不断地重复上述过程，直到吸水纸上看不到可乐的一点痕迹为止。

这样的情景让小王心生敬意。的确，这就是迪士尼，这是它的一种文化。这种文化就表现在每个员工身上的那种重视细节，做好细节，从每一个细节中让游客感到舒心、放心的态度上。每个人的细心造就了一座时刻都能保持洁净的乐园，这洁净是给孩子们玩的，也是给孩子们看的。

### 给孩子的心灵启示

偌大的一个迪士尼乐园都能保持得如此干净整洁，亲爱的孩子们，你们呢？如果一杯可乐洒在地上，你会怎么处理呢？当然，我们并不是说非得要每个人都像迪士尼的保洁员一样细心，但在日常生活中，随时注重自身整洁的保持，长久之后，你也会像迪士尼一样，随时给人留下整洁的好印象，这样的孩子，无论到哪里都一定会很受欢迎。



## 整洁的外表带来愉悦的心情

有个朋友说起她奶奶的故事，满脸赞叹的表情。她说：“奶奶八十多岁了，却永远是那么雍容典雅，竟一点儿也不像八十的老太太。简单盘上去的发髻，素净的旗袍，是她习惯的装束。爷爷50多岁时就过世了，奶奶守了30年寡，却从未让我们觉得她像是一个没有丈夫的女人。

“奶奶有一次患了重感冒，我带了些水果去看望她。她即使卧病在床，脸色苍白得很，但看起来依然很整洁。我陪她聊了一阵子后，就被墙上的一些照片所吸引，那些照片其实我以前也看过，是一些爷爷和奶奶当年的生活照。我忍不住打心底对她说：

"'奶奶，您现在和以前没什么差别，还是穿得那么雍容典雅，那么年轻好看。'

"奶奶脸上漾开慈爱却虚弱的笑容说：'怎么会，我老了！你爷爷转眼也过世30多年了，我还觉得他就在我身边，每天穿戴整齐也还是为着他。我20岁依媒妁之言嫁给他时，我母亲对我说，女人嫁夫随夫，要记住每天做的第一件事，就是要把自己打扮好，穿戴整齐，永远不能让你邋遢不整的样子被丈夫看到，然后才可侍奉公婆，相夫教子。'

"'原来如此，难怪我的几个叔叔、姑姑以及我们这些孙子孙女们都是穿戴整洁，永远以奶奶为榜样，无论生活中有怎样的烦恼与不顺，也要活出一份美丽的心情。'"

听完朋友的话，我也觉得很有道理。是啊，无论生活中会有怎样的烦恼和不顺利，我们都应该用美丽来为自己营造一份美好的心情，这样的人生该是多么美好啊。



**给孩子的心灵启示**

任何时候，都不要忘了把自己收拾整齐、洁净，努力营造一份美丽的心情。因为只有洁净的外表，才能让人赏心悦目，并由此产生愉悦的心情。尤其是在面对不顺的时候，心情本来就很灰暗，此时若能以整洁美丽的外表示人，不仅传达着一种美好、坚强的信息，也能让人从心里产生希望和热情，有勇气渡过难关，更加热爱生活。孩子们，你们能像老奶奶一样，随时用美丽的外表来营造自己的美丽心情吗？

## 整洁干净，优雅之始

卫小丽的妈妈是一位医生，因为职业的关系，她特别注意培养女儿的卫生习惯。妈妈总是对小丽说："要做个讲卫生、爱清洁的孩子，这样别人才会喜欢你，比如说饭前便后一定要洗手。"

小丽就问："为什么饭前便后要洗手？"妈妈就告诉她："因为手每天要碰各种各样的东西，会沾染很多细菌，要是在吃饭前不洗干净，吃饭的时候吃进肚子里就会长出虫子来，有虫子，就要去医院打针吃药。"等小丽稍大一点的时候，妈妈还进一步告诉她，饭前便后洗手可以预防各种肠道传染病、寄生虫病等。

每次，当小丽洗手的时候，妈妈总是为她准备好肥皂、擦手毛巾，并且放在小丽容易拿到的地方。而且在每次洗手时，妈妈总是要求小丽先把袖子给挽起来，以免不小心把衣服给弄湿了，同时还会教导她要手心手背一起洗，这样才能洗干净，还会亲自做示范。

于是，小丽每天早晨起床后，就自己去洗漱。尤其是吃饭前，从来都不用别人提醒，自己就主动去洗手——打肥皂——把手擦干。现在，她已经完全养成了良好的卫生习惯。

在学校举行的"讲卫生"活动评选中，小丽毫不费力就夺得了第一名，因为她每天都是那么整洁，而且每次上完厕所都洗手。但这对那些没有养成习惯的孩子来说，却还十分困难。他们总是一不小心就忘记了。老师夸奖了小丽，让小丽给同学们讲讲经验，小丽自豪地说："因为我有一个好妈妈，我小的时候她就开始教导我要讲卫生了。现在，你们也开始养成讲卫生的好习惯吧！"

### 给孩子的心灵启示

整洁干净的外表是每个孩子都应该做到的。这样不仅仅表现出了我们的整洁美丽，还可以预防疾病，要知道，好多疾病都是从不干净、不卫生上来的呀。讲究卫生才能预防疾病，保证身体健康，同时，讲究卫生才能让一个人成为受大家欢迎的人。试问，有谁愿意整天跟一个脏兮兮的人待在一起呢？因此，孩子们，一定要注意保持个人卫生啊，要想做一个"小淑女"或者"小绅士"，注意外表整洁可是第一课啊。

# 心灵洁净的孩子最美好

舍卫国有一个做清洁工作的妇人，天天打扫街道，十分勤劳。她的衣服很肮脏，市民都讨厌她，见到她，总是掩着鼻子走过去。佛陀叫她来听佛法，城内的人不赞成，跑来责问道："佛陀啊！你常说清洁的话，教人做清净的事，为什么要和肮脏的女人谈话呢？难道你不觉得讨厌吗？"

佛陀严肃地看了他一眼，回答说："这妇人保持城市清洁，对社会贡献极大，而且她谦卑、勤劳，做事负责，为什么讨厌她呢？"这时，那妇人洗过澡，换了衣服，容光焕发，出来和大家见面。佛陀继续说："你们外表虽然清洁，但是骄傲、无礼，心灵污秽。要知道：她外表的肮脏容易洗净，你们内心的肮脏才难以改善呀！"城内的人知道错了，再也不敢讥笑别人。

确实，就像只有心灵美才能成为真正的美人一样，只有心灵的洁净才算是真正的洁净。

杨绛先生曾有一本小说叫作《洗澡》，内容很特别，她说的洗澡不是沐浴，而是给心灵洗澡，也就是净化和荡涤身心，与佛家所讲的净心有异曲同工之处。

生活在现代文明之中的人，心灵都被蒙上了一层厚厚的物质的尘垢，洗去心灵的尘垢，就能够以一种轻松快乐的心态去直面现实的人生。

其实，对于俗世中的人来说，净心并不玄妙，它实际上就是生命的一种积极、快乐、简单的状态。那么如何净心？请看星云大师给现代人开的这剂心灵的药方："好心肠一条，慈悲意一片，道理三分，敬人十分，道德一块，信行要紧，老实一个，中直十成，豁达全用，方便不拘多少。此十味药，用包容锅炒，用宽心炉炖，不要焦，不要躁，去火性三分（脾气不要大），于整体盆中研碎（同心协力），三思为本，鼓励做药丸，每日进三服，不限时，用关爱汤服下。若能坚持如此，则百病消除。"

### 给孩子的心灵启示

你厌恶过清扫街道的环卫工人吗？你讨厌过那些在高档写字楼里清洁厕所的阿姨吗？如果你曾经厌恶过，那么从现在开始，改掉你的厌恶之心吧，因为她们是为我们留下洁净的人。没有她们的辛勤劳动，就没有我们在干干净净的街道和办公室里的舒适工作生活，就没有我们如此舒适又高速发展的美丽都市。爱美的孩子们，不要只看到她们身上的脏乱，要透过她们的脏乱，看到藏在内部的美好心灵啊。

# 第七章

# 珍惜每一寸光阴

# 康德的时间观念

德国哲学家康德计划去拜访老朋友威廉·彼特斯，他在动身前曾写信给彼特斯，说自己将于3月2日上午11点钟之前到达。

康德第二天早上租了一辆马车前往彼特斯的家。老朋友的家住在离小镇12英里远的一个农场里，小镇和农场中间隔了一条河。当马车来到河边时，细心的车夫告诉他说，桥坏了，不能过河。

康德下了马车，看了看桥，中间的确已经断裂了。河面虽然不宽，但水很深，而且结了冰。

“附近还有别的桥吗？”康德焦急地问。

车夫回答说：“有，先生。在上游6英里远的地方还有一座桥。”

康德看了一眼怀表，已经10点钟了。

“如果要赶到那座桥，我们以平常速度什么时候可以到达农场？”

“我想大概得12点半。”

康德又问：“如果我们经过面前这座桥，以最快速度什么时间能到达？”

车夫回答说：“最快也得用40分钟。”

康德跑到河边的一座很破旧的农舍里，客气地向主人打听道：“请问你这间房子要多少钱才肯出售？”

农妇大吃一惊：“您买如此简陋的破房子，究竟是为什么？”

“不要问为什么，您愿意还是不愿意？”

“那就给200法郎吧！”

康德付了钱，说：“如果您能马上从破房上拆下几根长木头，20分钟内把桥修好，我将把房子还给您。”

农妇把两个儿子叫来，让他们按时修好了桥。

马车平安地过了桥，飞奔在乡间的路上，10点50分康德赶到了老朋友的家。

在门口迎候的彼特斯高兴地说：“亲爱的朋友，您可真守时啊！”

康德在与老朋友相会的日子里，根本没有对其提起为了守时而买房子、拆木头过河的经过。

后来，彼特斯在无意中听到那个农妇讲了此事，便很有感慨地给康德写了一封信。信中说道：“您太客气了，还是一如既往地守时。其实，老朋友之间的约会，晚一些时间是可以原谅的，何况您还遇到了意外。”

一向一丝不苟的康德，在给老朋友的回信中写了这样的一句话：“在我看来，在一定意义上说，无论是对老朋友，还是对陌生人，守时就是最大的礼貌。”



**给孩子的心灵启示**

时间如同金钱，越是懂得利用时间的人，越感觉到时间的价值；越是贫穷的人，越感觉到时间的可贵。问题是当我们富有时，往往不知如何利用而任意挥霍了时间，但当真正需要的时候，时间却已经所剩无几了。

# 想做就做，别荒芜了岁月

在华盛顿国立女性艺术博物馆，曾举行过一场名为“摩西奶奶在20世纪”的画展。该展览除展出摩西奶奶的作品外，还陈列了一些来自其他国家有关摩西奶奶的私人收藏品。其中最引人注目的是一张明信片，它是摩西奶奶1960年寄出的，收件人是一位名叫春水上行的日本人。

这张明信片是第一次公布于众，上面有摩西奶奶画的一座谷仓和她亲笔写的一段话：做你喜欢做的事，上帝会高兴地帮你打开成功之门，哪怕你现在已经80岁了。

摩西奶奶为什么要写这段话呢？原来这位叫春水上行的人很想从事写作，他从小就喜欢文学。可是大学毕业后，一直在一家医院里工作，这让他感到很气馁。

马上就30岁了，他不知该不该放弃那份令人讨厌却收入稳定的职业，以便从事自己喜欢的行当。于是他给耳闻已久的摩西奶奶写了一封信，希望得到她的指点。对于春水上行的信，摩西奶奶很感兴趣，因为过去的大多数来信，都是恭维她或向她索要绘画作品的，这封信却是谦虚地向她请教人生问题。

摩西奶奶是美国弗吉尼亚州的一位农妇，76岁时因关节炎放弃农活，开始了她梦寐以求的绘画。80岁时，到纽约举办画展，引起了意外的轰动。她活了101岁，一生留下绘画作品600余幅，在生命的最后一年还画了40多幅。

那么，到底是什么原因让人们异常关注那张明信片呢？原来，那张明信片上的春水上行，正是日本著名作家渡边淳一。也许正是这个原因，每当讲解员向参观的人讲解这张明信片时，总要附带地说上这么几句话：你心里想做什么，就大胆地去做吧！不要管自己的年龄有多大和现在的生活状况如何，因为，你想做什么和你能否取得成功，与这些没有什么关系。



### 给孩子的心灵启示

孩子们，只要你们想做某件事情，就从现在开始努力去做吧。在生活中，有人总抱怨太晚了，可时间就在抱怨声中越走越远。如果你想做什么，就从现在开始，生命的每个时期都是及时的，故事中高龄的摩西奶奶都能成功，你还有什么可等待的呢？

## 用好小时间，创造高效益

美国近代诗人、小说家和出色的钢琴家爱尔斯金曾讲过钢琴教师卡尔·华尔德对她的启示："一天，卡尔·华尔德给我授课的时候，忽然问我每天要练习多少时间的钢琴，我说每天三四个小时。

"'不，不要这样！'他说，'你长大以后，每天不会有长时间的空闲的。你可以养成习惯，一有空闲就几分钟几分钟地练习。比如在你上学以前，或在午饭以后，或在工作的休息时间，五分钟、五分钟地去练习。把小的练习时间分散在一天里面，如此弹钢琴就成了你日常生活中的一部分了。'

"当我在哥伦比亚大学教书的时候，我想从事兼职创作。可是上课、看卷子、开会等事情把我白天晚上的时间都占满了。差不多有两个年头我一直不曾动笔，因为我总是找不到时间。后来才想起了卡尔·华尔德先生告诉我的话。

"到了下一个星期，我就按他的话去实践。只要有五分钟左右的空闲时间，我就坐下来写一百字或短短的几行。出人意料的是，在那个周末，我竟积累了许多的稿子准备修改。

"后来我用同样积少成多的方法，创作长篇小说。我同时练习钢琴，发现每天小小的间歇时间，足够我从事创作与弹琴两项工作。我的教授工作虽日益繁重，但是每天仍有许多可以利用的时间。

"利用短时间，其中有一个诀窍就是要把工作进行得迅速，如果只有 5 分钟的时间供你写作，你切不可把 4 分钟消磨在咬你的铅笔上面。

只要精神上有所准备，到工作时间来临的时候，就能立刻把心神集中在工作上。卡尔·华尔德对于我的一生有极大的影响。由于他，我发现了极短的时间，如果能毫不拖延地充分加以利用，就能积少成多地供给你所需要的长时间。迅速地集中脑力，并不像一般人所想象的那样困难。”

**给孩子的心灵启示**

富兰克林说：“珍惜一切的时间，用于有益之事，不搞无谓之举。”世界上真不知有多少可以建功立业的人，只因为把难得的时间轻轻放过而默默无闻。任何事物都有它的独特之处，时间也不例外，如果你抓住了它的特点，并善于利用它，那你就把握了运用时间的要领。

## 时间对每一个人都是平等的



从前，在非洲有一个名叫时间的富人。他拥有无数的家禽和牲口以及无边无际的土地，他的田里什么都种，他的大箱子里塞满了各种宝物，他的粮食装满了谷仓。

时间富人拥有这么多的财产，他经常把牛、羊、衣服送给穷人，于是人们说世界上没有一个人比他更慷慨大方了，还说，没有看见过时间富人的人就等于没有生活过。国外的人也知道了，于是，各国商人远道而来，随同的还有舞蹈家、歌手、演员、各国派遣来的使者等，甚至连魔术师也一起来了，只是为了要看一看这位富人，回国后就可以对百姓说，这个富人怎么生活，样子是怎样的。很多年后，有一个部落准备派出使者去向时间富人问好。临行前部落的人对使者说：“你们要想法见到他，要设法知道他是否像传说中的那么富有、那么慷慨。”

经过长途跋涉，使者们终于到达了时间富人居住的国家，他们在城郊遇到了一个瘦瘦的、衣衫褴褛的老头。

使者问他这里有没有一个时间富人。

老人忧郁地回答："有的。你进城去，人们会告诉你的。"

使者进了城，向市民们问了好，说："我们是来拜访时间富人的，我们很想看看这位神奇的人，准备回去后告诉同胞。"

正当使者说这话的时候，一个如老乞丐模样的人慢慢地走到他们面前。

这时有人说："他就是时间富人！就是你们要找的那个人！"

使者看了看又瘦又老、衣衫褴褛的老乞丐，简直不相信自己的眼睛。

"你就是时间富人吗？"他们问道。

"是的，我就是时间，我现在变成不幸的人了。"老头说，"现在是世界上最穷的人。"

使者点点头说："是啊，生活常常这样，但我们回去如何对同胞说呢？"

对方想了想，答道："你们回到家里见到同胞，对他们说：'记住，时间已不是过去那个样子！'"

给孩子的心灵启示

财富就埋藏在时间里，时间走了，财富也会随之而去。时间对每个人来说都是均等的，关键看你能不能抓住它。如果你没抓住，那你就再也不会得到它了，所以，从现在开始，抓住每一分钟的时间吧。

## 学会利用时间，方可有所作为

很多年以来，哈佛新入校的学生都会听到这样的一些小故事：

一位加拿大医生奥斯勒，为了从繁忙的工作中挤出时间来读书，强制自己在每天晚上睡觉之前必须读15分钟的书，哪怕已经忙到很晚，也要坚持，雷打不动。就这样，他天天睡觉前读书，一直坚持了50年，总共读了1000多本书，合计8000多万字。而他对人类最大的贡献就是，他成功地研究了第三种血细胞。

大家都知道的，格劳福特·格林瓦特是世界上最大的化学公司——杜邦公司的总裁。公务繁忙对他而言是家常便饭。但身为总裁，他竟然也每天挤出一个小时的时间来研究世界上最小的鸟——蜂鸟，并在研究的过程中用专门的设备给蜂鸟拍照。后来，他撰写了一本关于蜂鸟的书，权威人士把它称为自然历史丛书中的杰作。

科尔是一位普通的美国数学家。20世纪初期，数学界曾流传着这样一道难题，那就是2的76次方再减去1的结果是不是人们所猜想的质数。很多学者为了攻克这一难题都在努力着，但都未能如愿，谜题依然没有揭开。后来有一次，在纽约数学学会的年会上，数学家科尔通过一系列令人信服的运算，成功地解答并证明了这道难题。当时有人问他："您论证这个课题一共花了多少时间？"他掷地有声地回答："三年内的所有星期天。"

好多年以来，哈佛大学的教授都不厌其烦地给新生讲述上面的小故事，以此来解释学校图书馆墙壁上的一句名言："没有人可以随随便便地成功，成功只来自严格的自我管理和毅力。"



### 给孩子的心灵启示

英国教育家赫伯特·斯宾塞说："必须记住我们学习的时间是有限的。时间有限，不只由于人生短促，更由于人事纷繁。我们应该力求把我们所有的时间用去做最有益的事情。"学会利用时间，是很多成功人士的必备法宝，要想这一生有所作为，就一定要抓住稍纵即逝的时间。

# 让时间的价值充分体现

一天，李教授正在给他的学生们上课，他先是在桌子上面放了一个装水的杯子，然后又从桌子下面拿出一些正好可以从杯口放进杯子里的小石子。李教授把石头放完后问他的学生："你们说，这杯子是不是满的？"

"是！"所有的学生异口同声地回答。

"真的吗？"教授笑着问。然后他再从桌子底下拿出一袋碎石子，把碎石子从杯口倒下去，摇一摇，再加一些，再问学生："你们说，这杯子现在是不是满的？"

这回他的学生不敢回答得太快："也许还没有满。"

"很好！"教授说完，又从桌下拿出一袋沙子，慢慢地倒进杯子里。倒完后，他再问班上的学生："现在你们再告诉我，这个杯子满了吗？"

"没有满！"全班同学这下学乖了，大家很有信心地回答说。

"好极了！"教授又从桌底下拿出一大瓶水，把水倒进看起来已经被石头、沙子填满了的杯子。

当这些事情都做完了以后，教授正色地问他班上的同学："你们从上面这些事情中学到了什么东西？"

一位学生回答说："无论我们的工作多忙，行程安排得多满，如果再挤一下的话，还是可以多做些事情的，这门课讲的是时间管理。"

教授听到这样的回答后，点了点头，微笑道："答案不错，但并不是我要告诉你们的重要信息。"

说到这里，他故意停顿了一下，用眼睛向全班同学扫了一遍说：“我想告诉各位最重要的信息是，如果你不先将大的石头放进杯子里去，你也许以后永远没机会把它们再放进去了。”

**给孩子的心灵启示**

每个人的时间都一样，可取得的成就却不同，这是由于不同的人分配时间的能力不同，我们只有把时间用在做最主要的事情上面，才能利用好时间，才能发挥时间最大的功效，做成更有价值的事情。

## 成功最青睐珍惜时间的人



几年前，安东尼·吉娜是大学里艺术团的歌剧演员。在一次校际演讲比赛中，她向人们展示了一个最为璀璨的梦想：大学毕业后，先去欧洲旅游一年，然后要在纽约百老汇中成为一名优秀的主角。

当天下午，吉娜的心理学老师找到她，尖锐地问了一句：“你今天去百老汇跟毕业后去有什么差别？”吉娜仔细一想：“是呀，大学生活并不能帮我争取到百老汇的工作机会。”于是，吉娜决定一年以后就去百老汇闯荡。

这时，老师问她：“你现在去跟一年以后去有什么不同？”吉娜苦思冥想了一会儿，对老师说，她决定下学期就出发。老师紧追不舍地问：“你下学期去跟今天去，有什么不一样？”吉娜有些晕眩了，想想那个金碧辉煌的舞台和那双在睡梦中萦绕不绝的红舞鞋……她终于决定下个月就前往百老汇。

老师乘胜追击地问：“一个月以后去，跟今天去有什么不同？”吉娜激动不已，她情不自禁地说：“好，给我一个星期的时间准备一下，我就出发。”老师步步紧逼：“所有的生活用品在百老汇都能买到，你一个星期以后去和今天去有什么差别？”

吉娜终于双眼盈泪地说：“好，我明天就去。”老师赞许地点点头，说：“我已经帮你订好明天的机票了。”

第二天，吉娜就飞赴到全世界最巅峰的艺术殿堂——美国百老汇。当时，百老汇的制片人正在酝酿一部经典剧目，几百名各国艺术家前去应征主角。按当时的应聘步骤，是先挑出十个左右的候选人，然后，让他们每人按剧本的要求演绎一段主角的念白。这意味着要经过百里挑一的两轮艰苦角逐才能胜出。吉娜到了纽约后，并没有急于去做美容、买衣服，而是费尽周折从一个化妆师手里要到了将排的剧本。这以后的两天中，吉娜闭门苦读，悄悄演练。

正式面试那天，吉娜是第 48 个出场的，当制片人要她说说自己的表演经历时，吉娜粲然一笑，说：“我可以给您表演一段原来在学校排演的剧目吗？就一分钟。”制片人首肯了，他不想让这个热爱艺术的青年失望。而当制片人听到传进自己鼓膜里的声音，竟然是将要排演的剧目对白，而且，面前的这个姑娘感情如此真挚，表演如此惟妙惟肖时，他惊呆了！他马上通知工作人员结束面试，主角非吉娜莫属。就这样，吉娜刚来到纽约就顺利地进入了百老汇，穿上了她人生中的第一双红舞鞋。

### 给孩子的心灵启示

人生中有了理想，就要珍惜现在的时间，抓住机会马上付诸行动，撇开所有的等待，大步奔向梦中的天堂。在这个世界，成功不会停下脚步等待你，成功最青睐的是珍惜时间的人。

# 人生苦短，别轻易浪费了时间

一天深夜，一个危重病人迎来了他生命中的最后一分钟，这个时候，死神如期来到了他的身边。在此之前，死神的形象在他脑海中几次闪过。

他看着死神，嗫嚅着说："再给我一分钟好么？"死神回答："你要一分钟干什么呢？"他说："我想利用这一分钟看一看天，看一看地。我想利用这一分钟想一想我的朋友和我的亲人。如果运气好的话，我还可以看到一朵绽开的花。"

死神说："你的想法很不错，但抱歉我不能答应你。你说的这一切以前都留了足够的时间让你去欣赏，你却没有像现在这样去珍惜，你看一下这份账单：在 60 年的生命中，你有三分之一的时间在睡觉；剩下的 30 多年里你经常拖延时间；曾经感叹时间太慢的次数达到了 10000 次，平均每天一次；上学时，你拖延完成家庭作业；成人后，你抽烟、喝酒、看电视，虚度光阴。

我把你的时间明细账罗列如下：做事拖延的时间从青年到老年共耗去了 36500 个小时，折合 1520 天。做事有头无尾、马马虎虎，使得事情不断地要重做，浪费了大约 300 多天。因为无所事事，你经常发呆；你经常埋怨、责怪别人，找借口、找理由、推卸责任；你利用工作时间和同事侃大山，把工作丢到了一旁毫无顾忌；工作时间呼呼大睡，你还和无聊的人煲电话粥；你参加了无数次无所用心、懒散昏睡的会议，这使你的睡眠时间远远超出了 20 年；你也组织了许多类似的无聊会议，使更多的人和你一样睡眠超标；还有……"

说到这里，这个危重病人就断了气。死神叹了口气说：“如果你活着的时候能节约一分钟的话，你就能听完我给你记下的账单了。哎，真可惜，世人怎么都是这样，还等不到我动手就后悔死了。”

**给孩子的心灵启示**

凡事爱拖延，是一种恶习。人生苦短，但是很多人却浪费了很多时间去做一些无聊的事情，叹息、抱怨、嫉妒、暴怒，整天关注着别人的优缺点乐此不疲……而自己的时间却忽视了，自己的生命价值也在一点一点地减少。这样的人，最终也只能在死神的账单中，遗憾终生。孩子们，生命是短暂的，看似漫长的时光每一分钟都在减少，抓紧时间做点实事吧，千万不能虚度光阴。

## 把时间花在最有价值的事情上



安德烈是一个十分珍惜时间的人，他从来不浪费一秒钟的时间，只要时间允许，他就一定在拼命工作。所有知道他的人都说：“看，安德烈真是太会珍惜时间了！”人们都知道，为了能成为一名出色建筑师，他拼命地想要抓住每一秒钟的时间。

每天，他把大量的时间用在设计和研究上，除此之外，他还负责很多方面的事务，时间长了，他自己也感觉到很累。而其实，在他的时间里，有很大一部分时间都浪费在管理其他乱七八糟的事情上。无形中，他增加了自己的工作量。

有人看他忙得实在是不可开交，就问他：“为什么你的时间总是显得不够用呢？”他笑着说：“因为我要管的事情太多了！”

后来，一位学者见他整天忙得晕头转向的，但仍然没有取得令人骄傲的成绩，便语重心长地对他说："人大可不必那样忙！"

"人大可不必那样忙？"这句话给了他很大的启发，就在他听到这句话的一瞬间他醒悟了。他发现自己虽然整天都在忙，但所做的真正有价值的事实在是太少了！这样做对实现自己的目标不但没有帮助，反而限制了自己的发展。

从睡梦中惊醒的安德烈除去了那些偏离主方向的分力，把时间用在更有价值的事情上。很快，他的一部传世之作《建筑学四书》问世了。该书至今仍被许多建筑师们奉为《圣经》。他的成功只是因为一句话："人大可不必那样忙！"

### 给孩子的心灵启示

很多时候，我们会觉得，生活中有太多需要关注的、需要去做的事情，你喜欢唱歌，跳舞也不错，画画也行，所以就哪一样都不愿放弃，都要进行。但是，实际上，如果你把时间集中起来在一个方面努力发展，取得更精、更高的水平，才有可能真正成功。

# 第八章

# 用坚强和乐观笑对生活

# 手术前的幽默

杰克是英国一家餐厅的经理，他总是有好心情，当别人问他最近过得如何，他总是有好消息可以说。

当他换工作的时候，许多服务生都跟着他从这家餐厅换到另一家。为什么呢？因为杰克是个天生的激励者，如果有某位员工今天运气不好，杰克总是适时地告诉那位员工往好的方面想。

有人问他："没有人能够总是这样的积极乐观，你是怎么做到的？"

杰克回答说："每天早上我起来告诉自己，我今天有两种选择，我可以选择好心情，或者我可以选择坏心情，我总是选择好心情。即使有不好的事发生，我可以选择做个受害者，或是选择从中学习，我总是选择从中学习。每当有人跑来跟我抱怨，我可以选择接受抱怨或者指出生命的光明面，我总是选择生命的光明面。"

杰克接着说："生命就是一连串的选择，每个状况都是一个选择，你选择如何应付，你选择人们如何影响你的心情，你选择处于好心情或是坏心情，你选择如何过你的生活。"

杰克做了一件令大家意想不到的事：有一天他忘记关上餐厅的后门，结果第二天早上有三个武装歹徒闯入餐厅抢劫，他们威胁杰克打开保险箱，由于过度紧张，杰克弄错了一个号码，造成抢匪的惊慌，开枪射击杰克。幸运的是杰克很快被邻居发现，紧急送到医院抢救，经过18个小时的外科手术，杰克终于出院了，但还有颗子弹留在他身上……

有人问他当抢匪闯入的时候，他想到了什么。

杰克答道："我第一件想到的事情是我应该锁后门，当他们击中我之后，我躺在地板上，还记得我有两个选择：我可以选择生，或选择死——我选择活下去。"

杰克继续说："医护人员真了不起，他们一直告诉我没事，让我放心。但是当他们将我推入紧急手术间的路上，我看到医生和护士脸上忧虑的神情，我真的被吓坏了，他们的眼神好像写着——他已经是个死人了，我知道我需要采取行动。"

"当时你做了什么？"有人问。

杰克说："嗯！当时有个护士用吼叫的音量问我一个问题——她问我是否会对什么东西过敏。

"我回答：'有'。

"这时医生跟护士都停下来等待我的回答。

"我深深地吸了一口气喊着：'子弹'。

"这时医生和护士都在笑，脸上的忧虑神情都渐渐消失了，听他们笑完之后，我告诉他们：'我现在选择活下去，请把我当做一个活生生的人来开刀，而不是一个死人'。"

杰克能活下去当然要归功于医生的精湛医术，但同时也是由于他令人惊异的乐观态度。

### 给孩子的心灵启示

你把自己看成是弱者、失败者，你将郁郁寡欢；如果你将自己看成是强者，你将快乐无比。你可以快乐，只要你希望自己快乐。抛弃悲观消极的情绪，选择积极乐观的心态，才能做快乐的主人。孩子们，在困境面前，你能做到乐观对待，快乐生活吗？

# 用乐观奏响生命的华美乐章

她长得不漂亮，可看完她做的节目，没有人会忘记她。她幽默，她大方，她乐观，她坚强，她亲切得像所有观众的亲人。但是，在她微笑的背后，也有着辛酸的一面，她要独自抚养女儿，同时更要同病魔作斗争。当她微笑着唱完《心太软》，当昔日的观众默默看她走完一生时，无人不为之动容。如今，她安详地走了，但她的笑声永远留在人们心中。她就是人们永远的开心果——沈殿霞。

2008 年 2 月 19 日，天空变得阴霾，“开心果”沈殿霞永远闭上了眼睛。中国香港闹市区多处电视墙同时播出这则悲伤的消息，许多过路的市民都停下脚步，围着电视墙观看。消息播完后，人们还长久驻足，不肯离去，有些人甚至当场落泪。著名艺人曾志伟称：“肥姐的去世，代表一个时代的终结。”

1947 年 7 月 21 日，沈殿霞出生于上海，后到香港地区发展，因为身形异常丰满、在人前乐观爱笑而被人昵称为“肥肥”“开心果”。1960 年，沈殿霞凭借《一树桃花千朵红》一举成名，之后，又出演无数影片，因出色的喜剧表演而被世人称道。沈殿霞出道 40 余年，拍摄影视剧近百部，主持香港地区王牌综艺节目《欢乐今宵》长达 20 年之久。

沈殿霞不仅是因胖而出名，更重要的是她有一种积极向上的生活态度，她曾说：“我就不是那种人，你越笑我，狗仔队越跟我，我越每天朝外头跑，我不能让你们来管我，我是沈殿霞，我的命运在我的手中。”正如她所说的那样，在公开场合，她从来不承认胖对她的人生有负面影响，她说自己是“胖子界的美人”，“人可以胖，但一定要胖得干净、利落”。

沈殿霞凭着亲切、可爱、豁达、善良、幽默的形象，让综艺节目进入每个港人的家庭，自己也超越了艺人的身份，成为每个港人家庭的一员。她是香港地区最有代表性的艺人，是永远的开心果，就像香港前特首曾荫权所说，“她是香港人的开心果，她的笑声与香港人一起成长，带给观众很多快乐”。

**给孩子的心灵启示**

微笑的背后常常有艰涩的泪水，当你在享受她带来的欢愉的同时，请别忘记去体味。现实中，生活并不会一帆风顺，没有哪个人总是好事不断，但无论何种情况，都要把笑容放在脸上，以快乐开心的态度来面对大家，面对自己，给他人带去欢乐、调解忧愁的同时，自己也会变得快乐，更加热爱生活。



## 不同的心态，不同的人生

有两个人到外地打工，一个去上海，一个去北京。可是在候车厅等车时都又改变了主意。因为邻座的人议论说，上海人精明，外地人问路都收费;北京人质朴，见吃不上饭的人，不仅给馒头，还送旧衣服。

去上海的人想，还是北京好，挣不到钱也饿不死，幸亏车还没到，不然真掉进了火坑。去北京的人想，还是上海好，给人带路都能挣钱，还有什么不能挣钱的？我幸亏还没上车，不然真失去一次致富的机会。

于是，他们在退票处相遇了，互相换了票。原来要去北京的得到了去上海的票，去上海的得到了去北京的票。

去北京的人发现，北京果然好。他初到北京一个月什么也没干，竟然没有饿着。不仅银行里的纯净水可以白喝，而且家乐福大商场里欢迎品尝的点心也可以白吃。

去上海的人发现，上海果然是个可以发财的城市，干什么都可以挣钱。带路可以赚钱，看厕所可以赚钱，弄盆凉水让人洗脸可以赚钱。只要想点办法，再花点力气都可以赚钱。凭着乡下人对泥土的感情和认识，第二天，他在建筑工地装了十包含有沙子和叶子的土，以“花盆土”的名义，向不见泥土而爱花的上海人兜售。当天就净赚了 50 元钱。一年后，凭着“花盆土”他竟然在大上海拥有了一间小小的门面。

一天，他又有了一个新的发现：一些商店楼面亮丽而招牌较黑，一打听才知道清洁公司只负责洗楼而不洗招牌。他立即抓住这一空当，买了梯子，水桶和抹布，办起一个小型清洁公司，专门负责擦洗招牌。如今他的公司越做越大，自己做起了老板。

不久前，他坐火车去北京考察清洁市场。在北京车站，当他要把喝空了的饮料罐丢进垃圾桶时，一个捡破烂的人把手伸了过来，向他要饮料罐。就在递罐的时候，两人都愣住了，因为 5 年前，他们换过一次票。

### 给孩子的心灵启示

积极心态导致成功的人生。消极心态只能给人带来失败和沮丧。心理学家认为，任何人都能拥有积极的心态，乐观的精神。天生悲观或者正深陷消极情绪的人，通过学习以及自我调控也能拥有乐观积极的心态。孩子们，一旦你拥有了良好积极的心态，还有什么事情会干不好呢？

# 让微笑点亮生命

《超人》是我们大家都非常熟悉的美国电影，其中“超人”的扮演者是美国人克里斯托弗·里夫，他因这个角色而一举成名。但是，在如此璀璨的星路背后，谁又能想到，一场大祸竟然会从天而降呢?

那是 1995 年 5 月 27 日，在弗吉尼亚的一个马术比赛中，里夫发生了意外事故。当时，他骑的那匹东方纯种马正第三次试图跳过栏杆，而就在此时，马突然收住了马蹄，而突然的停止令里夫防备不及，一下子就从马背上向前飞了出去。更糟糕的是，在摔出去的那一刻，他的双手缠在了缰绳上，以致他的头部着地，第一和第二颈椎全部折断。

五天以后，当里夫醒来的时候，他已经躺在弗吉尼亚大学附属医院的病房里。医生说，里夫能活下来就已经是万幸了，重伤使得他的颅骨和颈椎必须要动手术才能重新连接在一起，而医生并不能保证里夫能活着离开手术室。

在那段艰难的日子里，里夫万念俱灰，多少次他都想要自杀。面对着妻子丹娜，他用眼睛告诉她说:“不要救我，让我走吧，我不能这样子。”而妻子总是哭着对他说:“我爱你，不管怎么样，我都会永远和你在一起。”

随着手术日期的临近，里夫变得越来越害怕了，他几乎夜不能寐，脑海里一直都是死亡的字眼。一天，他 3 岁的儿子威尔对妈妈丹娜说:“妈妈，爸爸的膀子动不了呢。”

“是的，”丹娜伤心地说，“爸爸的膀子动不了了。”

“爸爸的腿也不能动了呢。”威尔又说。

“是的，是这样的。”丹娜看着可爱的儿子，难过地流下了眼泪。

小家伙停顿了一下，有一些沮丧，然后，忽然他显得很幸福的样子，开心地对丹娜说：“但是爸爸还能笑呢。”

“爸爸还能笑呢。”3岁儿子的一句话，一下子让里夫看到了生命的曙光，他找回了生存的勇气和希望。

10天后，手术进行了，令人欣喜的是，手术进行得非常成功。虽然里夫的腰部以下还是没有任何知觉，但他毕竟克服了剧烈的疼痛顽强地活了下来。这以后，他充满自信，每天坚持锻炼身体，用乐观开朗的心态迎接每一天，以良好的身体和快乐的心情过着每一天。后来，他不但亲自导演了一部影片，还自己出资设立了里夫基金，为医疗保险事业作出了卓越的贡献。

在克里斯托弗·里夫的自传里，他无比郑重地记下了儿子当时的那句话：“但爸爸还能笑呢。”是啊，无论灾难有多严重，都应该记得，我们还有微笑。



### 给孩子的心灵启示

给生活以微笑，生活将还你以微笑。“我之所以高兴，是因为我心中的明灯没有熄灭。道路虽然艰难，但我却不停地去求索我生命中细小的快乐。如果门太矮、我会弯下腰；如果我可以挪开前进路上的绊脚石，我就会去动手挪开，如果石头太重，我可以换条路走。我在每天的生活中都可以找到高兴事儿。信仰使我能够以一种快乐的心态面对事物。”歌德夫人如是说。

# 你的心态决定了你的未来

在瑞士的埃尔德集团公司门口，有一位9岁的小鞋匠，一日，公司总裁查菲尔面对公司所有的业务代表，把小鞋匠叫到跟前，请他擦鞋，并与小鞋匠聊了起来。

“你擦鞋一次赚多少钱？”查菲尔问。

“擦一次5分钱。”小鞋匠高兴地回答，“但有的时候，我会得到一些小费。”

“你来之前是谁在这里擦鞋？他为什么离开了？”

“是一位叫比尔斯的男孩，他已经17岁了，我听说，他觉得擦鞋无法维持生活而离开了。”

“那你擦鞋一次只赚5分钱，有办法维持生活吗？”

“可以的先生，我每个星期给我的妈妈10元钱，存5元钱到银行，再剩下2元钱作零花钱，我想再干一年，就可以用银行的钱买辆脚踏车了。”小男孩一边卖力地擦着鞋，一边微笑着回答问题。

小男孩擦完鞋后，查菲尔给他5分钱，紧接着又掏出1元小费给了他。小男孩面露迷人的微笑，还是那样欢快地说：“谢谢你，先生。”

这时，查菲尔转过头来，对公司的业务代表说：“一个17岁的鞋匠在这里擦鞋无法维持生活，而一个9岁的小男孩除了维持生计外却还有节余，这是为什么呢？就是因为他们有着两张不同的脸。17岁的男孩看不到生活的希望，整日哭丧着脸，好像别人欠他似的，顾客当然不会给他小费。而这个9岁的小男孩，对生活充满了希望和信心，面对顾客总是脸带微笑，谁会忍心不给他回报呢？”查菲尔讲完，公司的业务代表恍然大悟，自己的推销业务不佳，正是因为没有把迷人的微笑和乐观的心态写在脸上。

受这个孩子的启发，所有的业务代表一改过去的消极心态，他们在推销产品过程中，同时也把自己的真诚和微笑一同销售出去，产品的销售量大增，埃尔德集团公司也从过去面临溃败的窘境，成为如今全球最大的收银机销售公司。

**给孩子的心灵启示**

的确，无论什么时候，我们都要有一个积极的心态，因为心态具有无比神奇的力量，它既可以使一个人在浑噩中奋起做事，也可以使一个人在安逸清闲中腐化堕落。你的未来将走哪一条路，取决于你的心态，取决于你是在快乐或是颓废的心态支配下的人生选择。



## 接受苦难，勇敢面对

有一天，一位非常重要的人士要来美国南卡罗来纳州的一个学院发表演说，在学院的礼堂里，坐满了兴高采烈的学生。大家都为有机会聆听到这样一位重要人物的演讲而兴奋不已。

演说要开始了，州长先做了简单的致辞，然后一位颇有气质的女士走到了麦克风前面。她先环视了一下台下的听众，然后自信地说：“我的母亲是一位聋哑人，她不会说话。我不知道自己的父亲是谁，也不晓得他是不是还在人世。这辈子我的第一份工作，就是到棉花地里去拔草。”

学生们一下子愣住了，他们待在那儿，不明白演说为什么会是这样的内容。

“由于没有父亲，小时候我的脑海里就一直有一个问题萦绕着：‘为什么别的孩子都跟爸爸、妈妈生活在一起，而自己只能跟妈妈一起生活呢？’我一遍又一遍地想，但总是不明白。我问我的妈妈，一次又一次地，但妈妈总是不回答我。后来，我上学了，一天，我用最先学到的几个单词拼写了一句稚嫩的话，并把它写在纸上给妈妈看，那句话是：‘我的爸爸在哪里？’妈妈接过我手中的笔，写道：‘你没有爸爸。’我接着问：‘为什么？’妈妈略顿了一顿，写下了这样一句话：‘因为你是个特别的孩子。’

“我特别高兴，我是特别的，我要为自己的‘特别’格外努力。我认为自己了不起。后来，当我真正懂事后，我才知道，我得为这个‘特别’付出多大的代价！首先是周边同学的压力，大家都说我来自一个不健全的家庭。这还不算什么，更难忍受的是贫困。别的孩子有的，我都没有。我于是盼着过圣诞节，因为我相信，那天会有圣诞老人送给我想要的礼品。可是真正到了圣诞节，我还是失望了，因为我收到的礼品总是比别的孩子少。虽然很委屈，但我还是忍住了，在一张纸上我写给自己一句话：‘不流泪’。我觉得，作为一个‘特别’的孩子，能跟其他孩子一起读书，我应该已经知足了。

“后来，我失学了。失学让我明白：除了有一个聋哑妈妈外，我什么也没有。于是，我暗暗告诫自己：这已经是底线了。我必须开始学会向生活‘索取’。那么，最容易索取的是什么呢？我开始想这个问题，这时候，我的‘特别’帮助了我。因为我得到的答案不是金钱，不是圣诞礼物，甚至不是一次重新回到学校的机会，而是梦想。在我眼里，向生活索取一个梦想是我首先要干的。

“确定了这个，我想我还需要赚点钱。我得到的第一份工作是在一家农场的棉花田做事。我坚持了下来。在最困顿的日子里，残酷的生活拿走了我几乎所有的东西，但我死死地拽住了梦想，直至当上财政部长也没有松手。”

女士笑了：“我的名字是阿济·泰勒·摩尔顿，今天我以美国财政部长的身份站在这里，是想告诉你们：如果情况不尽如人意，我们总可以想办法加以改变。改变情况的办法有多种，但最可靠的一种就是：你首先回答‘我希望变成什么样’这个问题，然后努力，再努力。”

### 给孩子的心灵启示

巴尔扎克说：“苦难是人生的老师。拒不接受苦难不是力量的表现，而是懦弱的表现。”生活从来都不是一帆风顺的，遇到磨难的时候，我们更需要勇敢地去接受挑战，乐观面对。心态好，才会有好命运，乐观、自信、坚强、豁达的人才能摆脱困难，取得事业上的成功。



## 逆境之中看转机

在西方，人们都比较信神，而最高的天神宙斯是大家心中最为崇敬的。每个人都要对他毕恭毕敬，否则就要遭受惩罚。

英国有一个天生乐观的人，从不拜神，令神不开心，因为神的权威受到了挑战。他死后，为了惩罚他，神便把他关在很热的房间，7 天后，神去看望这位乐观的人，看见他非常开心。

神便问：“身处如此闷热的房间 7 天，难道你一点儿也不辛苦？”乐观的人说：“待在这间房子里，我便想起在公园里晒太阳，当然十分开心啦！”（英国一年难得有好天气，一旦晴天，人们都喜欢去花园晒太阳。）神很不开心，便把这位快乐的人关在一间寒冷的房间。7 天过去了，神看到这位快乐的人依然很开心，便问他：“这次你为什么开心呢？”这位快乐的人回答说：“待在这寒冷的房间，便让我联想起圣诞节快到了，又要放假了，还要收很多圣诞礼物，能不开心吗？”

神仍然很不开心，便把他关在一间阴暗又潮湿的房间。7天又过去了，这位快乐的人仍然很高兴，这时神有点困惑不解，便说：“这次你能说出一个让我信服的理由，我便不为难你。”这位快乐的人说：“我是一个足球迷，但我喜欢的足球队很少有机会赢。但有一次赢了，当时就是这样的天气。所以每遇到这样的天气，我都会高兴，因为这会让我联想起我喜欢的足球队赢了。”神无话可说，只能给这位快乐的人自由。

### 给孩子的心灵启示

拥有乐观的态度，即便身处逆境，也总能找到快乐的理由，这是对生活、对人生最好的诠释，也是美好人生的基础。因此，孩子们，不论处于何种境地，都不要对生活绝望，要用一种积极的心态来面对生活中的一切挫折和磨难。

# 第九章

# 自信是最美的妆容

# 信心来源于自己

有一位顶尖的杂技高手，一次，他参加了一个极具挑战的演出，这次演出的主题是在两座山之间的悬崖上架一条钢丝，而他的表演节目是从钢丝的这边走到另一边。杂技高手走到悬在山上钢丝的一头，然后注视着前方的目标，并伸开双臂，慢慢地挪动着步子，终于顺利地走了过去。这时，整座山响起了热烈的掌声和欢呼声。



"我要再表演一次，这次我要绑住我的双手走到另一边，你们相信我可以做到吗？"杂技高手对所有的人说。我们知道走钢丝靠的是双手的平衡，而他竟然要把双手绑上。但是，因为大家都想知道结果，所以都说："我们相信你，你是最棒的！"杂技高手真的用绳子绑住了双手，然后用同样的方式一步、两步……终于又走了过去 "太棒了，太不可思议了！"所有的人都报以热烈的掌声。但没想到的是杂技高手又对所有的人说："我再表演一次，这次我同样绑住双手然后把眼睛蒙上，你们相信我可以走过去吗？"所有的人都说："我们相信你！你是最棒的！你一定可以做到！"

杂技高手从身上拿出一块黑布蒙住了眼睛，用脚慢慢地摸索到钢丝，然后一步一步地往前走，所有的人都屏住呼吸为他捏一把汗。终于，他走过去了！表演好像还没有结束，只见杂技高手从人群中找到一个孩子，然后对所有的人说："这是我的儿子，我要把他放到我的肩膀上，我同样还是绑住双手蒙住眼睛走到钢丝的另一边，你们相信我吗？"

所有的人都说："我们相信你！你是最棒的！你一定可以走过去！"

“真的相信我吗？”杂技高手问道。

“相信你！真的相信你！”所有人都这样说。

“我再问一次，你们真的相信我吗？”

“相信！绝对相信你！你是最棒的！”所有的人都大声回答。

“那好，既然你们都相信我，那我把我的儿子放下来，换上你们的孩子，有愿意的吗？”杂技高手说。

这时，整座山上鸦雀无声，再也没有人敢说相信了。

**给孩子的心灵启示**

一个人除非自己有信心，否则不能带给别人信心；自己真正相信自己的人，方能使人信服。信心从来都不是别人说的，别人给的，而是需要自己亲身实践，拥有真正的实力之后得到的。对于从未走过钢丝的人们来说，盲目地就相信杂技高手，无疑是愚蠢的行为。“相信”是坚定的，从来都不能马马虎虎，人云亦云。

## 学会坚强，做命运的主宰

安娜·奎罗特本来是一位活跃在T台的模特，同时还是古巴家喻户晓的田径女英雄，她的出色表现使得古巴人民都欢欣鼓舞，并拿她作为奋进的榜样。

在那个时期，人人都会觉得，上天赐予了安娜·奎罗特几乎所有的幸运：美貌、才华、天赋。但是，上帝永远不会总是偏袒一个人，灾难总是在你最措手不及的时候发生。1993年1月23日晚上，奎罗特家的厨房煤气灶突然发生了爆炸，凶猛的大火一下子就点燃了她的全身，刹那间她的脸上、胸部、腹部都被严重烧伤了，总受伤面积超过全身的三分之一。

受伤之后，奎罗特第一次照镜子的时候，自己吓得哇哇大叫——她那昔日美貌无比的脸已经变成了令人恐怖的伤痕累累。可似乎灾难还没有过去，毁容之后，她接连遭受了丧子、失恋以及各种各样的流言，这让奎罗特痛苦万分，几乎崩溃，但所有这一切，却并没有把她击垮。

当她的教练希威尔来医院看望奎罗特的时候，他原本以为会看到一个一蹶不振、悲痛欲绝的奎罗特，但没想到，奎罗特竟然轻轻地冲他拍着大腿，自信满满地表示她的大腿依然是完好无损的。这个时候，奎罗特已经重新捡回了信心，她要振作起来，重新回到跑道上。

1993 年 5 月 13 日，就在距离奎罗特烧伤还不到 4 个月的一个清晨，她竟然解开了脖子上的托架，拆掉了手臂上缠着的绷带，重新返回了跑道。虽然，新长出的皮肤其痒难耐，被烧伤的手臂疼痛异常，但她心里却兴奋无比，因为她又能重新奔跑了！同年的 11 月，在波多黎各举行的中美以及加勒比海地区运动会上，脖子和手臂上还留着焦疤的奎罗特，以大无畏的姿态跑出了 2 分 5 秒 22 的成绩，一举赢得了女子 800 米比赛的银牌，这是奎罗特伤后参加的第一场比赛。

1995 年 8 月 13 日，哥德堡世界田径锦标赛上，奎罗特傲然站立在世界强手云集的 800 米赛场上。比赛开始了，就在距离终点 100 米的直道上，奎罗特那富有弹跳性的步伐突然加快，人群发出了一片惊呼，第一个撞线！“1 分 56 秒 11”，冠军！人群沸腾起来，这是 1955 年的世界最好成绩。许多人激动地流下泪来，大家都在欢呼，为这来之不易的冠军，为奎罗特那永不服输的脚步。大屏幕上，人们看到了奎罗特那布满伤痕的脸部特写，全场人都疯狂地为她鼓掌。

1996 年，奎罗特再次出现在亚特兰大奥运会的赛场上，此时，没有人指望她能取得什么惊人的成绩，人们都说：“只要她出现在赛场上，就已经是一个奇迹了。”然而，奎罗特却以超强的实际行动，把这个奇迹转变成了奥林匹克赛场上的动人篇章——她荣获了女子 800 米的银牌。那一刻，当她在跑道上奋力奔跑的时候，数万名观众被她那超常的毅力打动了，他们给予了最为热烈的掌声和欢呼声，连冠军都没有享受到这样的待遇。

### 给孩子的心灵启示

泰戈尔说：“苦难可以使人变得更加崇高，也可以使人变得更加乖戾。”确实，苦难可以摧残人的身体，但是却摧残不了人们坚强的信念和那顽强的意志。无论生活如何变化，命运在我们身上加诸了怎样的苦难和折磨，保持一颗坚强的心，你就永远是自己命运的主宰者。

## 坚定信心，勇往直前



多莲娜一直认为自己是学不会游泳的，有一次，在澳洲的一个漂亮泳池里，看着善于游泳的朋友们在阳光下嬉戏，她忽然有一种不舒服的感觉涌上心头。多莲娜为了怕被朋友耻笑就告诉他们，自己怕晒黑，所以不想下水。朋友们笑着怂恿她：“不要因为怕水，你就永远不去游泳……”

阳光洒在他们水滑滑、光亮亮的肌肤上，他们像海豚一样欢快地嬉戏着，而多莲娜其实并不想躲在没有阳光的阴影里看着别人快乐。“可是有什么办法呢，我是学不会游泳的呀！”多莲娜对自己说。

一个月后，朋友邀请多莲娜到一个温泉度假中心，她鼓足勇气下水了。

多莲娜发现自己并非如想象中那么无能，很快她就掌握了一些简单的游泳动作，但她不敢游到水深的地方。

“试试看，”朋友和蔼地对她说，“勇敢一点，看会不会沉下去！”

“你说什么？”多莲娜还以为这个游泳高手故意开玩笑。“不要怕！”朋友说，“如果有意外，我不会不管你的。难道你不想在水里自如地玩耍吗？你现在需要的是克服恐惧。”

多莲娜试了一下。朋友说得没错，在我们意识清醒的状态下，想要沉下去、摸到池底还真的不可能。真是奇妙的体验！

“看，你根本淹不死，沉不下去，为什么要害怕呢？”

多莲娜上了一课，若有所悟。从那天起，她不再怕水，而是很自信地开始下水练习了。现在，虽然她还不算是个游泳健将，但是游个四五百米是不成问题的。

她很开心，如果她看到有跟她一样害怕下水的女孩，她就会热情地跟她说：“不用害怕，相信自己，你行的。”

**给孩子的心灵启示**

信心是一种心境，有信心的人不会在转瞬间就消沉沮丧。自信是成功的第一秘诀，它是一种感觉，只有有了这种感觉，人们才能怀着坚定的信心和希望，开始伟大而又光荣的事业。我们必须要有自信心，我们必须相信我们的天赋是要用来做某种事情的。无论代价多么大，这种事情必须做到。



## 做自己认定的事

1924年的普通一天，在美国纽约布朗克斯街道上，人们像往常一样穿行着。临近中午的时候，一对奇怪的母女吸引了大家的注意。

这是一个大约3岁的黑头发小女孩，她正坐在人行道上，而她的妈妈正在旁边哄她，但无论怎么哄，她都不听，只是一个劲儿地叫嚷着：

“不，我不要顺着这条路回去，我要走那条新路回去！”看了半天，围观的人们终于明白了：原来，母亲要带这个小姑娘沿着她们来时的路回家，但是这个倔强的小女孩，非要顺着一条她自己选择的新路回去，而且，十分坚决。无奈之下，最后母亲只好同意了。

这件小事很快就过去了，谁也不曾再记起，时光一下子就过去了几十年。53年后，谁也不曾想到，就是当年那个倔强的小姑娘，却站在了斯德哥尔摩音乐厅的讲台上，领取了著名的诺贝尔生理学及医学奖，她就是著名的女科学家罗莎琳·苏斯曼·雅洛。

罗莎琳1921年7月19日出生在纽约布朗克斯一个中下层犹太人家中。17岁那天，小罗莎琳就阅读了《居里夫人传》，那个时候她就对自己说：“居里夫人从此后就是我的榜样！”自此，她便认定，自己今后要走的就应该是居里夫人那样的路。可是，她的这个想法，在周围人，甚至是家人看来，都仿佛是天方夜谭。高中毕业后，罗莎琳的母亲希望她能当上一个小学教师，而当她大学毕业的时候，她的父亲又希望她能当上一个中学教师。但罗莎琳的态度一直很坚定，她对父母说：“居里夫人也是个女人，但她却做了许多男人都做不到的事情，我相信，我也能像她一样度过有意义的一生。”同时，罗莎琳还给父母保证：自己不仅要成为一个像居里夫人那样的伟大科学家，还会努力成为一个好妻子、好母亲，关心爱护自己的家庭。

虽然态度如此坚定，但通往科学的道路毕竟是艰险的，每一步都布满了荆棘。作为一个犹太人，同时又是一个女人，她在当时的环境中，很难得到研究员的津贴。但她毫不放弃，她对自己说：“犹太女人也一样可以成为科学家，我要证明给他们看！”

终于，在历经了艰难险阻之后，1941年，20岁的罗莎琳从亨特女子学院取得了物理学与化学学士学位。此时，伊利诺斯大学的罗伯特·佩托恩教授看她勤奋好学，就破例接收她做了一名助教，并且给了她一个光学实验室让她来管理。

自此，罗莎琳获得了努力研究的绝好时机。从1972年到1976年，罗莎琳先后荣获了12项医学研究奖。而在随后的1977年，她更是荣获了诺贝尔生理学及医学奖，实现了她曾经许下的诺言。正是靠着充足的自信和顽强的拼搏信念，罗莎琳才最终成为著名的女科学家，同时还成为了一位贤妻良母。

**给孩子的心灵启示**

著名作家威尔逊曾经说过："一个人有自信，然后再全力以赴，那么任何事情都十有八九会成功。"一个榜样的力量是无穷的。孩子们，只要你充满自信和希望，以那些成功的人士为榜样，并且坚持走自己所认定的道路，那么，成功就一定会在不远处等着你。

## 自信者最美丽



作为一个小学四年级的女生，芭比一直觉得自己长得不够漂亮，平常上课下课，一旦遇到老师和同学，她都是低着头。那些同龄的女同学跟她说话的时候，她倒不是那么紧张，但一旦老师要她回答问题，或者跟男孩子说话，她就显得很不自然，脸蛋儿马上就变得红红的。

一天，去上学的时候，芭比路过一家头饰店，她走进去挑选了一只自己非常喜爱的蝴蝶结戴在头上。马上，店里的女导购员就走了过来，开始不停地赞美芭比，说她戴上蝴蝶结是那么的漂亮。

芭比当然明白，导购员的赞美有恭维的成分，但她还是因此而高兴，心里美滋滋的。于是，她很快就付钱买了下来。戴上蝴蝶结的芭比感觉非常快乐，也自信多了，她不由自主地就昂起头向外走去。可在门口的时候，由于太兴奋，她竟然和导购员碰撞了一下，她赶紧道歉，然后走了出去，丝毫没有在意别的事情。

刚走进教室，芭比就碰到了自己的数学老师，她惊讶地对芭比说："芭比，你昂起头来真美。"然后还爱抚地拍了拍她的肩膀。

之后的一整天，芭比都在享受大家的赞美，许多人都称赞她美丽极了，这无形中增加了她的自信。她想：这个蝴蝶结真是太好了，竟然起到了这么大的作用。放学回到家之后，她依然很兴奋，马上就跑去照镜子，想再仔细地看一下头上的漂亮蝴蝶结。可这一看，她呆住了，头上什么都没有，蝴蝶结不见了。她一下子慌了，赶紧仔细想，忽然想到，早上她在购买蝴蝶结的时候，和商店里的导购员撞了一下，也许就在那时候蝴蝶结被撞掉了。

但是，经过这件事，芭比一下子就明白了：别人夸奖自己漂亮，并不是因为自己戴上了美丽的蝴蝶结，而是因为当自己昂起头来的时候所表现出来的那种自信。自信的女孩最美，她深深地懂得了这个道理。



**给孩子的心灵启示**

自信的女孩最美丽。不管你拥有闭月羞花的美貌，还是只是一个相貌平平的女孩，只要你肯抬头挺胸，不卑不亢，把自己青春的朝气和自信给散发出来，你就会显得美丽。同时，当你微笑着昂头挺胸时，你也会越来越觉得自信、快乐十足。

## 别被困难吓倒

横渡英吉利海峡是一件了不起的事情，在1950年，一位女性就以顽强的毅力完成了这一壮举，并且以第一位成功横渡英吉利海峡的女性而闻名于世。她就是弗洛伦斯·查德威克。

时隔两年，弗洛伦斯斗志昂扬，决定向卡塔林纳海峡发起挑战。她的计划是从卡塔林纳岛游向加利福尼亚海滩，希望能以此再次创造一项纪录。弗洛伦斯当时的年龄是 34 岁，她的这一决定引起了媒体和数以万计的美国人的关注，他们都为她加油。

在 1952 年 7 月 4 日的清晨，浓重的雾气笼罩在海面上。此时，弗洛伦斯已经持续游了 15 个小时，体力严重耗损，却仍在坚持。这个时候，她面临的最大的困难是水温过低，冰冷刺骨的海水让她浑身发抖。在又冻又累的情况下，她觉得身心都异常疲惫。

看着面前朦胧的雾气，弗洛伦斯觉得自己游不过去了，她对护送船上的亲友们说："还有好远啊，这次我怕是坚持不下去了，你们把我拖上去吧，我游不动了。"

此时，弗洛伦斯的母亲和教练正在旁边的一条护送船上，他们都劝告弗洛伦斯不要放弃，因为海岸已经很近了，她只要再坚持一会儿，就可以到岸了。

但海上的雾气太大了，能见度非常低，弗洛伦斯使劲朝海岸看去，却什么都看不到。她心中的自信没有了，她再三请求亲友们："求求你们，把我拉上去吧，我真的坚持不了了。"

于是，护送人员急忙把弗洛伦斯拖上了护送船，给她取暖的衣物。慢慢地，弗洛伦斯觉得暖和多了，这时候，雾气也慢慢地散去了，她终于看清了海岸的位置：原来，刚才护送人员拉她上船的地方，离加利福尼亚海岸只有半英里了（1 英里 =1.6093 千米），她要是再能坚持一小会儿，就可以到岸了，但半途而废让她错失了成功。这情景，让弗洛伦斯懊悔极了。

事情过去后，当有记者问弗洛伦斯挑战失败的原因，她坦承地说："说实在的，其实我可以游过去的，但我并不是想给自己找借口。如果当时我看见了陆地，我就一定可以坚持下来，游到终点。"那场严重的大雾，打消了她夺取胜利的自信和勇气。

事实也果然如此。两个月以后，弗洛伦斯再次挑战卡塔林纳海峡，并且如愿获得了成功，且其所用的时间比男子的纪录还快了近两个小时。

**给孩子的心灵启示**

一位奥运冠军曾经这样说："与自己较量是人生最大的挑战。"孩子们，当你遭受困难和挫折的时候，一定要相信自己。只要你能够坚持到最后一刻，不半途而废，不被困难吓倒，那么，你就会发现，胜利就在眼前。

## 展现价值才能赢得重视

庙里有两个和尚，一个是老方丈，一个是小和尚。有一天，小和尚耐不住寂寞了，跑去找方丈："方丈，方丈，我想读书……"

方丈看了看小和尚，什么也没有说，回到房间里搬了一块石头出来："这样吧，今天你把这块石头拿到山下的市集上去卖。但是记住一点：无论别人出多少钱都不要卖！"小和尚想不通：一块石头让我去卖，而且有人买还不卖？可是，没有办法，小和尚只好拿着石头下山了。

在市集里，有个妇女走了过来，看了看石头说："我出五文钱买你这块石头。我想买回去让丈夫写字的时候压压纸，这样不容易被风吹走。"小和尚想，一块石头能卖五文钱啊！但是，方丈不准他卖啊！所以，他只好说："不卖、不卖！"妇女走了。

小和尚回到山上，说："今天竟然有个妇女愿意出五文钱买这块石头……但你说不让我卖，我只好不卖！"

方丈问："你能从中明白些什么呢？"

小和尚摇摇头回答："不明白！"

方丈笑了笑："这样吧，这次你把这块石头拿到山下的米铺老板那儿去卖，但是，记住：无论他出多少钱都不要卖！"小和尚带着石头下山了。

小和尚来到米铺，见到了米铺老板。米铺老板拿着那块石头端详了半天说："我出500两银子买你这块石头！"小和尚吓了一大跳，一块石头值500两银子啊！米铺老板解释："这是一块化石，我愿意出500两银子来买这块石头！"小和尚连忙说："不卖、不卖！"然后就抱着石头赶忙回去找方丈。

小和尚见了方丈，说："方丈、方丈，米铺老板说愿意出500两银子来买这块石头，说是一块化石……"

方丈问："你能从中明白些什么呢？"

小和尚回答："不明白。"

方丈又是笑笑："这次呢，你还是去卖石头。不过，这次是卖给山下珠宝店的老板，还是记住：无论他出多少钱都不要卖！"小和尚来到珠宝店，老板把石头拿过来端详半天说："我只有三家珠宝店、两家当铺和一些田产，我愿意拿我所有的财产来换这块石头！"

小和尚吓得扑通一声跌倒在地上："这么值钱啊！"

珠宝店老板解释："你不要看它是一块普普通通的石头，其实，它只是外面包裹了一层石头的样子，里面是一块无价的宝玉！"

小和尚吓得连忙说："不卖、不卖！"紧紧抱着石头连滚带爬地上山去找方丈。

"方丈、方丈，珠宝店老板说他愿意用他所有的财产来换这块石头。他说这里面是一块无价之宝……"

方丈问："这次你明白了吗？"

小和尚回答："不明白！"

方丈微笑地告诉小和尚："同样一块石头，在一个妇女的眼中，只是一块压压纸的石头，值五文钱；到了米铺老板那里，认识到它的一些价值，知道它是一块化石，愿意出500两银子来买；而真正懂得它价值的只有珠宝店的老板，知道它只不过是外面包裹了一层石头的样子，里面是一块无价的宝玉！”

**给孩子的心灵启示**

同样一块石头，在农妇眼里就值五文钱，在珠宝店老板那里却价值连城，可谓天壤之别。石头变成了无价之宝，那么我们呢？我们的价值到底值多少呢？不要在菜市场上寻找自己的价值，也不要在喧闹的衣服店里寻找自己的价值，为了改变人生的局面，为了发挥你的价值，你必须让人把你当成宝石看待。

## 别被他人左右了自己



有这样一个小女孩，她从小就非常喜欢跳芭蕾舞。她让自己的父母给自己买来了舞蹈鞋，每天都坚持在家里练习芭蕾舞。逐渐地，她的舞姿变得越来越漂亮了，父母包括邻居们都开始夸奖她，他们觉得她不但学得很快，而且很有天赋。就这样，她心里萌生了当一名专业的芭蕾舞演员的想法，希望自己将来可以当一名舞蹈家。于是，她下决心要去报考舞蹈学院，希望自己可以接受更加专业的培训。

可是，她一方面害怕考不上，另一方面也不知道自己到底适不适合跳芭蕾，是否真的有舞蹈天分。于是，当得知有一个芭蕾舞团来到她们居住的地方演出的时候，她便赶快去拜访了这个芭蕾舞团的团长。

女孩见到团长后就说：“我想成为一名芭蕾舞演员，希望将来当个舞蹈家，您看我有这个天分吗？”

“那你先跳一段舞蹈给我看看吧！”团长一边说着，一边埋头继续处理自己的剧务。女孩开始跳了，5 分钟之后，团长打断了她。他一边摇着头一边说："依我看，或许你没有跳芭蕾的条件吧。"

女孩伤心极了，她独自回到家，一下子就把舞蹈鞋扔进了垃圾桶，从此以后，她再也没有信心跳芭蕾舞了。一直到后来，她结婚生子了，还当上了一家宾馆的服务员。

又是很多年过去了，当年的那个小女孩如今已经变成了一个妇人。一次，她去看芭蕾舞演出的时候，竟然又碰到了当年的那个芭蕾舞团，而那个曾经否定过她的团长已经步入了老年。闲聊中，她与这个团长就说起了当年她跳芭蕾舞的事情。

她问老团长："有一点我很奇怪，当年，你是怎么看出我没有舞蹈天赋的？我只是跳了 5 分钟啊！"

老团长仔细地回想了一下，然后说："哦，其实你跳舞的时候，我几乎就没怎么看，那些话我只是习惯性地对其他所有来问我的孩子说的同一句话而已。"

妇人惊呆了："什么？怎么会是这样的？你真的不可饶恕啊，就因为你的这句话，毁掉了我的梦想。或许，我原本可以成为最出色的芭蕾舞演员的，人人都羡慕我，但现在，你却毁了这一切。"她情不自禁地哭起来。

"我却不这么认为。"老团长一点儿都没有愧疚的意思，相反还很镇定，"如果你真的想当一名芭蕾舞演员的话，你就不会在意我对你说的那些话，无论我说什么，你都一定会坚持你的梦想的。"

听了这话，妇人愣住了，过了好久，她默默地离开了。

### 给孩子的心灵启示

如果你确定你要干什么，那么别人的评论会影响你的决定吗？孩子们，一旦你认定了自己的目标和梦想，就不要在意别人怎么看、怎么说，不要轻易就因别人的一句话放弃自己的梦，而是要坚定地向着自己的梦想迈进。只有这样，你才能增大自己成功的概率。

# 不经历风雨，怎能见彩虹

1899年6月的一天，美国哈佛大学女子学院的一个考场里，迎来了一位不平凡的女孩。这是一个19岁的少女，之所以说她不平凡，是因为她不仅是一位盲人，而且还是一位聋哑人。在这场让人匪夷所思的考试中，这个女孩，只花费了9个小时的时间，就顺利地完成了德语、法语、拉丁语及其他课程的考试，并且都取得了优异的成绩，正式成为哈佛大学的一名学生。

要想通过哈佛大学的考试，就算是一个身体健全的人，也不是一件非常容易的事情，更何况是一位又聋又哑又盲的少女呢！在很多人，甚至是哈佛的老师们看来，这都是不大可能的，如果能实现简直就是一个奇迹。但奇迹确实就这样实实在在地发生了，而缔造奇迹的正是美国享誉世界的作家海伦·凯勒。

在凯勒一岁半的时候，她患上了一种叫作“猩红热”的疾病，在当时，这种病很不好治愈，不久后，她就因病成为了一个又聋又哑又盲的小姑娘。看到小海伦无法与别人正常的交流，她的父母就专门为她请来了一位非常有经验的家庭教师安妮·沙利文小姐。

但是，尽管沙利文小姐是一位教过聋哑孩子的家庭教师，而且也有非常丰富的教学经验，但当她一开始跟小海伦交流并教她识字的时候，还是非常困难。因为海伦丝毫感受不到外界的变化，除了身体接触。不久后，沙利文小姐就送给了小海伦一个漂亮的布娃娃。摸到可爱的布娃娃，小海伦非常开心，于是沙利文小姐就在娃娃上写下“娃娃”这个单词，并且读出“娃娃、娃娃”。海伦听不到也看不到，她一开始根本就不明白“娃娃”这个单词究竟是什么意思。在这种情况下，沙利文小姐表现出了异乎寻常的耐心，她一遍又一遍地耐心教小海伦，终于，海伦慢慢地明白了。通过这样一遍一遍重复的练习，小海伦终于掌握了生活中许多常用的单词。

以后，海伦进了聋哑学校。在那里，校长富勒女士亲自教小海伦学习发音。她以无比的热情教导海伦，让她把手放在自己的脸上，来感觉舌头和嘴部肌肉的变化规律，同时一遍又一遍地教小海伦模仿自己的发音。就这样，小海伦每天都坚持练习，后来终于学会了用嘴巴来说话，用手指来“听”话。

从此以后，海伦就开始以惊人的毅力，学习英语、德语、法语、拉丁语等。老师讲课的时候，沙利文小姐就把讲授的内容拼写在小海伦的手掌上。等小海伦明白了之后，就靠着记忆去理解学过的这些课文，之后再用凸写器来做作业。就是以这样常人难以想象的方式，海伦学习了代数、几何、物理等课程，并且开始用打字机写文章和翻译其他作品。

坚强的信念、顽强的毅力，让海伦克服了常人难以想象的苦难和挫折，学习到了比正常人更多的知识。在她大二的时候，她就已经完成了自传体小说《我生活的故事》。小说发表后，受到了马克·吐温等著名作家的赞誉，并被誉为“世界文学的杰作”。自此，海伦笔耕不辍，一生总共出版了14部著作，成为了一个著名的作家。



### 给孩子的心灵启示

很多人都会把少女比作是天使，但从身体健康上来说，海伦是不完美的。这种身体的残缺曾使得海伦一度缺失了飞翔的翅膀。但可贵的是，她并没有就此沉沦，而是以自信和毅力为自己插上了飞翔的翅膀，冲出黑暗，迎来了人生的黎明。海伦·凯勒曾说：“对于凌驾命运之上的人来说，信心是命运的主宰。”人生道路上，曲折坎坷并不可怕，只要你坚持梦想，拥有自信，顽强拼搏，你就能够飞向自己的理想彼岸。

# 活着就必须有坚定的信念

距今一百多年以前的某天，在英国的一个家庭里，一个小女孩正在家里拿着自己心爱的布娃娃玩耍。突然，一不留神，布娃娃的手掌被一个铁钉钩破了，出现了一个破洞。小女孩惋惜极了，这可怎么办呢，布娃娃受伤了，应该给它缝补一下。于是，她跑到屋里，拿出针线，模仿着医护人员的样子，开始一针一线地给布娃娃缝补手掌上的破洞。虽然，她缝补得歪歪斜斜的，但看她样子，却认真极了，仿佛在做着一件大事。布娃娃手掌上的破洞补好以后，她还没有忘记在布娃娃的“伤口处”轻轻地涂抹上一层药膏，希望它快快好起来。然后，她像一个妈妈一样，把布娃娃抱在自己的床上，轻轻地盖上了被子，让它“休息休息”。

在一旁的母亲看到小女孩的这一系列动作，不觉笑了起来，她看着女儿那有模有样的架势，仿佛接受过专业训练一样，就不禁开玩笑一般地说：“哎呀，我的女儿长大了要是当上了护士，一定会很优秀！”虽然嘴上是这么说，但她心里其实并不想让女儿长大后真的当护士去。在当时的英国，社会上很多人是看不起护士的，他们都觉得护理工作是很脏的，非常卑贱。因此，只要是稍微有那么一点儿身份的人，都不会让自己的孩子长大后去当护士，这位母亲当然也不想。可是她没有想到的是，自己的这个女儿长大之后，竟然真的成了一名护士，而且还举世闻名。她就是被全世界称为“白衣天使”的弗洛伦斯·南丁格尔。

从小，南丁格尔就有着一颗慈爱的心，在她很小的时候，她就救活了邻居家的一只小花狗。那次，当受伤的小狗被救治后，欢快地跑动时，南丁格尔心里高兴极了，她由此知道了护理工作对于生命的重大意义。也就从那时起，她就树立了长大后成为一名为病人带来幸福的人，当一个好护士，成了她生平的唯一一个心愿。

长大一点的时候，南丁格尔向父母提出要去学习护理知识，但此时，她的父母却认为她在语言上很有天赋，希望她能成为一名出色的作家，跻身于当时的上流社会。南丁格尔一点儿也没有动摇，她不顾父母的反对，毅然决然地前往德国凯撒斯威特接受护理方面的训练。她很努力地学习，学成之后，她于 1853 年受聘于伦敦患病妇女护理会，担任督察的职务。

之后，在克里米亚战争期间，南丁格尔主动请缨，率领着 38 名护士前往战争前线。在那里，她夜以继日地工作着，每天深夜，她还手持油灯挨个巡视病房。这种无微不至的关爱得到了伤员们的一致赞颂和尊敬，他们亲切地称呼她为“提灯女神”。

战争之后，南丁格尔就一直致力于护理工作。1860 年，南丁格尔在英国的圣·托马斯医院内建立了世界上第一所护士学校——南丁格尔护士学校，并在这里开始传授护理知识。由此，她也被后世称颂为现代护理教育的奠基人。



## 给孩子的心灵启示

陀思妥耶夫斯基说：“无论是整个人类还是一个民族，如果没有崇高的理想，那么就不能生存下去。”一个没有理想的人，也就不会拥有某种美好的愿望，就永远也不可能拥有美好的未来。孩子们，你只有坚持自己的理想和信念，不为外界的干扰所动摇，努力奋斗，才能最终取得成功。

# 挖掘自己的闪光点

妮妮很爱她的男朋友，但最近他们经常为生活琐事吵架。妮妮很痛苦，觉得太阳都失去了光芒，不时在一位好朋友面前露出轻生的念头。每次见她心情不快，朋友都会劝她想开些，可效果似乎不大。

有一天，妮妮在路上又碰到了朋友。朋友见她神情格外沮丧，多次询问缘故，才知道她和她的男朋友又狠狠地吵了一架。

“唉！生活真的一点意思都没有。再见了……”妮妮幽怨地叹息完，起身便走，她已不再想对朋友倾诉自己的烦恼了。从她的话语中，朋友猜想她这次一定是做了某种决定，看样子绝非分手那样简单。

朋友被一种深深的不安和莫名的烦恼困扰着，一时竟然不知道怎样去安慰她。过了一会儿，她才急匆匆地追上了妮妮，问：“你是打算自杀吧？如果真是这样的话，我完全理解你的选择。不过，我有一个小小的请求，请你答应我先等一个月再自杀。”

妮妮感到很奇怪：“为什么要等这么久？……哦，我明白了——你是假装支持我，其实不过是想让我降下火气，等到心平气和时就会打消自杀的念头。算了，这么做又有什么意思呢，我确实已经过够了，你知道这是没有用的！”

“不，你说错了。我不是这个意思。这一个月时间不是留给你的，而是留给我的。我需要用一个月时间给你的后事作准备！既然你想死，如果能给辛苦把你养大的父母留点财富，不是更好吗？从现在开始，我就要四处打听帮你找买家了。”朋友很认真地说。

妮妮彻底疑惑了:"什么'买家'?我根本没有什么东西要卖呀?"

朋友说:"谁说没有!你的视力一向很好,可以把眼角膜移植给失明的人;你的皮肤十分细腻,可以卖给那些需要植皮的人;你的身体非常健康,心、肝、肺、脾、肾等器官都可以卖给那些需要它们的人。这世上,失明的、皮肤损毁的、需要通过器官移植来维持生命的人很多。既然你一定要寻死,你身上的东西就不要浪费,这些对你来说没用的东西,对别人来说可是难得的无价之宝!把它们卖给别人,能够得到数百万元,就当是给亲人们造福吧,这样你也可以去得无牵无挂了。"

妮妮对朋友的这番话闻所未闻,竟然呆住了。良久,她才恍然大悟地说:"是啊!我拥有这么宝贵的身体和健康,为什么不好好珍惜呢?谢谢你,我的好朋友!不管怎样,我都会好好活下去的!"

### 给孩子的心灵启示

还在抱怨自己不幸吗?还在为了跟朋友或者家人的摩擦而准备离家出走,甚至自我了结吗?学会珍惜自己吧,因为你的身体和健康就是最宝贵的东西,而且你还有家人的爱,朋友的真挚友谊。这些都是用金钱、珠宝买也买不来的珍贵东西,比比这些,再想一想那些你正在生气的或者难过的或者无法忍受的事情,到底哪一个更值得珍惜、值得留恋呢?

# 第十章

# 谦逊让你散发迷人的气质

# 懂得低头才能不断充实自己

有一个朋友很爱花，他在自家后院的一块空地上，撒了一把向阳花的种子。后来，向阳花慢慢长大了，长势非常好，发芽开花，花朵看起来金黄金黄的，美丽极了。

朋友的小儿子对这美丽的花朵非常好奇，他整天都盯着那神奇的花朵——它每天都要追着太阳转来转去，眼睛咕噜噜乱转，似乎发现了神秘的东西。终于有一天，向阳花被他看“坏”了，那金黄色的花朵里长满了瓜子，美丽的花儿不再高傲地仰着头，而是谦虚地低下了头。

孩子心里很纳闷，他猜想：如果让花朵仰着脑袋，是不是要比低着的时候更饱满呢？于是，他就把其中的一朵花儿固定好，让它依旧高高地仰着头，直直地对着太阳。

没多久，花朵里的果实在大家的一天天期盼中终于成熟了。孩子高兴地伸出胖乎乎的小手，把那个高昂着头的花朵摘了下来。结果出人意料，这朵花里面的果实全都烂了，一股浓重的腐烂的味道扑鼻而来。大家面面相觑，孩子也很无辜地看着花瓣不吭声。

谁也不晓得这到底是怎么一回事？向阳花在结果之前不都是昂着头的吗？怎么会腐烂了呢？

后来，我们专程去请教了一个非常有经验的老农。老农告诉我们：在向阳花的生长周期里，如果它的花骨朵一直高扬着头，里面就会积满了雨水和露水，不低头的话就没有办法排出去。因此，原本应该是结满果实的花朵，却变成了滋生细菌和昆虫的温床。也正因为如此，那些健康饱满的向阳花才总是谦虚地低着头。

一朵花儿都知道谦虚地低头，那么人呢？

**给孩子的心灵启示**

懂得低头，才能让自己游刃有余地排出自身的“毒素”，找到自己的不足，并且从别人身上，从周围环境中，汲取到新的营养。懂得低头，才能让自己心境明朗，不至于滋生“骄傲自大”的细菌病毒，从而更好地为人做事。只有懂得低头的人，才能不断地充盈自己，结出丰硕的成果。

## 居里夫人——不为荣誉所颠倒



1898年，居里夫妇发现了镭，1903年12月，居里夫妇因此而共同获得了诺贝尔物理学奖。此后世界各地纷纷来信索求制镭的方法。怎样处理这件事呢？某个星期日的早晨，他们进行了5分钟的谈话。彼埃尔·居里平静地说：“我们必须在两种决定之中选择一个。一种是毫无保留地叙述我们的研究结果，包括提炼方法在内……”

居里夫人做了一个赞成的手势说：“是，当然如此。”

彼埃尔继续说：“或者我们可以以镭的所有者和发明者自居。若是这样，那么，在你发表你用什么方法提炼铀沥青矿之前，我们须先取得这种技术的专利执照，并且确定我们在世界各地制镭业上应有的权利。”

“专利”意味着巨额的金钱、舒适的生活为子女留下一大笔遗产……但是，居里夫人坚定地说：“我们不能这样办，这违背科学精神。”

居里因车祸去世后，居里夫人坚强地一个人担负起了两个人的工作，并设法做得更好。她的工作条件依然很艰苦，而且，还要经受着外界的讽刺和挑战。经过 10 个月的刻苦钻研，她又一次成功地得出了新的关于放射性元素的实验论证，有力地驳斥了另一位化学家的错误论断和挑战。这一次的研究成果也再次受到世界科学界的重视。1911 年，瑞典科学院的评判委员会再次授予她诺贝尔化学奖，并送给她“镭王后”的称号。

1921 年，居里夫人应邀访问美国时，美国妇女组织主动捐赠给她 1 克镭（价值百万美元以上），这正是她急需的。她虽然是镭的发现者，却买不起这种昂贵的金属。在赠送仪式之前，当她看到“赠送证明书”上写着“赠给居里夫人”字样时，她不高兴了。她声明说：“这个证书还需要加以修改。美国人民赠给我的这 1 克镭应当永远属于科学，但是假如就这样规定，这 1 克镭就成为私人财物，成为我女儿们的产业，这是绝对不行的。”主办者当天晚上就请了一位律师，把证书做了修改，居里夫人才在“赠送证明书”上签了字。

伟大常常起于平凡，杰出的人常常不为名利所动。居里夫人两次获得诺贝尔奖，18 次获得国家奖金，被授予 117 个名誉头衔。对于名利，居里夫人总能保持一种平常的态度，从不为得到的荣誉而自满。面对命运中巨大的艰辛和荣誉，居里夫人常常谦逊地说：“的确有过一些艰苦的日子，那也是我一生中最难耐的时光。回想起来使我感到欣慰的是，我堂堂正正地昂起头颅走了过来。”连爱因斯坦都赞誉她说：“在所有的著名人物中，居里夫人是唯一不为荣誉所颠倒的人。”



### 给孩子的心灵启示

居里夫人曾自豪地说：“我没有给孩子们留下万贯家产，但给她们留下了健康的身体。”后来她的两个女儿，一个荣获了诺贝尔化学奖，一个著有《居里夫人传》，都成为对社会有杰出贡献的人。居里夫人凭借对事业的执着和对科学精神的坚持，战胜了一个又一个科学上和生活中的难题，不仅对人类科学的进步作出了杰出的贡献，更为人们树立了一个做人的楷模。

# 狂妄自大，贻害无穷

一个圆滚滚的鸟蛋，不知为什么，忽然从灌木丛上的鸟窝里骨碌碌地滚了出来，跌在灌木丛下厚厚的落叶上。奇怪的是居然没有跌破，一切完好如初。

鸟蛋得意了，对着鸟窝大声笑着说："哈哈，我是一只跌不破的鸟蛋！你们谁有我这样的本事，就跳下来比试比试看！"

窝里的鸟蛋们听了，一个个探出头来看了一眼，吓得忙缩进头说："我们害怕，不敢跳呀。我们谁也没有对你刚才的行为不服气，还要比试什么呢？"

"哼！我早就料到你们没有这个胆量！"地上的鸟蛋神气地向窝里的鸟蛋们大声嘲笑起来。

这只鸟蛋在地上滚来滚去，一会儿滚到一棵小草边，向小草碰了碰，小草连忙仰起身子往后让；一会儿鸟蛋又滚到一株树苗边，向树苗撞一撞，树苗也仰着身子，给它让路。鸟蛋更得意了。它认为自己力大无比、天下无敌，更加勇气十足地在山坡上滚过来，滚过去。

窝里的鸟蛋们劝告说："小哥，刚才你只是碰到一个偶然的机会，才没有跌破的，不要就此认为自己是个铁蛋蛋了。你仍然是一个容易破碎的鸟蛋呀！这点自知之明，你总该有吧？"

"铁蛋蛋有什么了不起？"鸟蛋仍然挺着肚皮，神气地说，"你们刚才没看到小草和树苗吗？它们对我都要让几分，不敢跟我碰撞，难道这山坡上还有什么我不能去碰撞的吗？哈哈！"

鸟蛋一阵大笑，蹦跳翻滚，想到山坡下的路边去显显威风。谁知被山坡上一块小石头挡住了去路。

鸟蛋气愤地望了小石头一眼，厉声喝道："你是什么东西？居然敢挡我鸟蛋蛋的去路？想找死么？"

小石头昂着头说："嘿，今天的太阳是从西边出来的么？一个鸟蛋对我也如此神气起来？告诉你吧，我是一块阻挡山坡上的泥沙往下滑的小石头，这里是我的岗位，我站在这里是绝不会后退一步的，你看看怎么办吧。"

鸟蛋更气愤了，仰着头对小石头说："你知道我的脾气吗？我是一个勇气十足的鸟蛋，在这山坡上是颇有名气的。小草和树苗都已经领教过我的厉害，别人怕你小石头，我可不怕。到时候，你别说我不客气啊！"

小石头也生起气来，大声说："你想对我干什么？还想打架么？别不知天高地厚了，快滚回去吧！"

鸟蛋为了显示它的勇气，不听小石头的警告，鼓足气，猛地一滚，向小石头冲去。只听到"啪"的一声，鸟蛋碰得粉碎，流出一摊蛋汁。

邻居山雀大婶从这里飞过，看到这情景，伤心地说："唉，这孩子也太任性了，竟然硬要与石头过不去。要知道，无自知之明的人，越是无所畏惧，那后果就越不妙啊！"

### 给孩子的心灵启示

人立身处世，必须谦虚谨慎，温良恭让，善于隐匿，虚怀若谷，不居功自夸，不肆意张扬，这样才能很好地保护自己，并受到别人的欢迎和拥戴。孩子们，千万别做狂妄自大的鸟蛋。

# 融入群体才能赢得人缘

在一个普通的农家桌子上，放着一枚金戒指和铜顶针。晚上，家里的女主人睡着了。金戒指和铜顶针无聊之极竟然在桌子上吵起架来。金戒指傲慢地对铜顶针说："看看，你这个黄麻子，和我待在一块儿休息你不感到自豪吗？我是谁啊，我可是你24K的纯金爷爷，知道吗？"

"你这个满嘴脏字的人，真是没教养！"铜顶针回应道，"你是一枚金戒指又能怎么样呢？不过是中看不中用的摆设而已，甚至还可能沦为哗众取宠的玩物，我跟你在一起，有什么好骄傲自豪的呢？"

"你太放肆了！"金戒指恼火了，"主人只要一戴上我，马上就显出了她的高贵、漂亮、伟大和富有；而她要是戴上了你，一看就是个只会玩弄针线，干活儿出苦力的普通女人！"

"哎！我现在总算知道你真是太放肆了。"铜顶针一点儿也不让步，"你真是目光短浅，对一个人来说，她的高贵和伟大只是用一枚戒指就能显示出来吗？就算给一个癞蛤蟆戴上金项圈，它还是高贵不到那里去啊，更不会变漂亮；一匹真正的战马，哪怕什么都不佩戴，都可以威风凛凛地驰奔上战场。所以说，你真是一个虚伪的家伙。"

金戒指不服气极了，它还想再争辩。但这个时候，它们的争吵声吵醒了女主人。于是，它们都停下来。要求主人评评理——到底谁更高贵，谁更下贱？谁才是有用的，谁没有用？

听完它们的讲述，女主人笑了起来，她轻轻地说："如果让我在你们中间选一个的话，我想我肯定会留下铜顶针而不是金戒指。因为那个金戒指正是我用铜顶针干活买来的，如果没有了铜顶针，也就不可能有金戒指。而就算没有了金戒指，有铜顶针，我还是可以挣钱再买来的，甚至可以买更多的金戒指。道理就是这么简单！”

听了这话，金戒指那原本高傲的头羞愧地低下了。

### 给孩子的心灵启示

文学家王尔德说：“人们把自己想得太伟大时，正足以显示本身的渺小。”很多时候，过分地自负其实就是孤立自己。如果一个人把自己看得太高，就会看不起别人，在与人相处的时候容易吹毛求疵、刚愎自用。这样的人，即便本领再高强，也不会受人尊敬、被人重用，最终只会遭到人们的唾弃。无论什么时候，都不该自视甚高，应该把自己融入人群中去，不要刻意突显什么，这样才能为自己赢得好人缘。



## 别让自负毁了自己

大暴雨过后，池塘的水面上漂浮起了一串串的水泡。这些美丽的水泡在水面上游啊游啊，有时候不小心撞到一起，就合成了一个更大的水泡。

在这其中，有一个非常大的水泡，它自恃自己很大，在水面上漂漂悠悠地晃荡着，一副不可一世的样子。有小水泡漂过来了，只见它一挺身，把小水泡吞并了，然后又向左一晃，吞并了另外一个小水泡。伴随着一个一个吞掉同伴的同时，它的身体也变得越来越大，它得意极了，几乎有点飘飘然了……

它开始得意地大叫起来：“哈哈哈，我太伟大了，我是世界之王，我是凯撒大帝，看看你们这些小家伙，都做我的臣民吧，如果谁敢冒犯我，看我不把它吞了……”说这些话的时候，它简直就像一个不可一世的国王正在对它的子民发号施令，显得嚣张跋扈极了。

这时候，一个小水泡实在是看不下去了，就好心地警告它说：“亲爱的朋友啊，你不要太霸道了，如果你再这样骄横下去，吞掉自己的同伴来壮大自己，那么，你自己也会毁灭的。”

“什么？你敢说我会把自己毁了？这真是无稽之谈！你知道我是谁吗？我可是你们的老大，你们的国王！你们谁都不能违抗我。你这个小不点儿，竟敢指责我！”对小水泡好心的警告，大水泡感到很可笑，甚至怀恨在心：“你敢对我如此不敬，哼，我就让其他人看看，对我不敬是什么下场，我要吞掉你……”

一边说着，它一边向着小水泡漂过去。

小水泡一点儿也没想到，自己的好言相劝竟然招来了祸害。看到不可一世的大水泡恶狠狠地朝着自己杀过来，它害怕极了，没命地向前游过去。但它的身躯太小了，根本游不了多远，大水泡却张牙舞爪地追了过来。眼看大水泡就要追上它了，小水泡害怕地哭了起来……

然而，上帝毕竟还是不能纵容骄横跋扈者的。就在大水泡鼓着圆滚滚的肚子想要吞灭小水泡的时候，由于它的肚子胀得太大了，只听嘭的一声，它一下子就涨破了，一瞬间只剩下几滴小水珠眨眼间就融进了水里，连影子都没有了。

这时，小水泡高兴极了，它欢呼着说：“看吧，我好心劝你你不听，最后还是自己把自己给毁了吧！”

当然了，那骄傲的大水泡此时是无论如何都听不到这句话了，只有那无言的流水在向前流着。

给孩子的心灵启示

自负的人总是过高地估计自己的能力，觉得在这个世界上，唯我最大，一副不知天高地厚的架势，以显示自己伟大的魄力和气度。事实上越伟大的人越会谦卑待人。有人问苏格拉底是不是生来就是超人，他回答说："我并不是什么超人，我和平常人一样。有一点不同的是，我知道自己无知。"我们要摒弃自负，学会谦虚，才能为自己赢得一个好的人生。

# 放低姿态，虚心求教



一个晴朗的星期六，李医生的诊所里来了一名博士，他诉说着自己的苦闷，说自己是单位学历最高的，但是却得不到其他同事的尊重。更气人的是同事会和一个清洁工亲切地打招呼，却不愿理他。在李医生的诱导下博士讲出了一件与同事相处的小事。

有一天他到单位后面的小池塘去钓鱼，正好正副所长在他的一左一右，也在钓鱼。

他只是微微点了点头算是打了个招呼，心里暗想：这两个本科生，有啥好聊的呢？

不一会儿，正所长放下钓竿，伸伸懒腰，蹭蹭蹭从水面上如飞地走到对面上厕所。

博士的眼珠瞪得都快掉下来了。水上漂？不会吧？这可是一个池塘啊。

正所长上完厕所回来的时候，同样也是蹭蹭蹭地从水上漂回来了。

怎么回事？博士生又不好去问，自己是博士生啊！

过了一会儿，副所长也站起来，走几步，蹭蹭蹭地漂过水面上厕所。

这下子博士更是差点昏倒：不会吧，到了一个江湖高手云集的地方？

博士也内急了。这个池塘两边有围墙，要到对面厕所就得绕 15 分钟的路，而回单位又太远，怎么办？

博士也不愿意去问两位所长，憋了半天后，也起身往水里跨：我就不信本科生能过的水面，我博士生不能过。

只听咚的一声，博士栽到了水里。

两位所长将他拉了出来，问他为什么要下水。他问："为什么你们可以走过去呢？"

两位所长相视一笑："这池塘里有两排木桩子，由于这两天下雨涨水正好在水面下。我们都知道这木桩的位置，所以可以踩着桩子过去。你怎么不问一声呢？"

李医生听完，笑着说，小伙子，问题出在你自己身上啊，你自己都不愿意和别人打交道，别人怎么会和你打成一片呢？



**给孩子的心灵启示**

学历只能代表过去，只有虚心请教，才能少走弯路。生活中，有很多人都会因为自己拥有高学历而沾沾自喜，认为自己高人一等。其实，有这样的想法是错误的。就像故事中的那个博士生一样，狂妄自大，不肯放下架子向别人请教，结果只能是摔跟头。

## 高傲是无能的表现

19 世纪 60 年代，在法国巴黎，法朗士等一批文学青年，准备创办一份文学刊物，他们写信给大文豪维克多·雨果，请求他写一封回信作为该刊的序言。雨果几天后回了信，青年们打开一看，里面写着："年轻人：我是过去，你们是未来。我是一片树叶，你们是森林。我是一支蜡烛，你们是万道霞光。我是一头牛，你们是朝拜初生耶稣的三博士（指光荣而幸运的人物）。我只是一道小溪，你们是汪洋大海……"看了回信，他们简直不能相信这是雨果写的，后经雨果女友证实确是出自雨果之手，然而，他们担心此信会影响雨果的名誉，没敢发表。

其实，这封信恰恰是雨果谦虚品质的生动体现，它不仅无损大文豪的名誉，还从另一侧面反映了他高尚的品质。

高尔基说："智慧是宝石，如果用谦虚镶边，就会更加灿烂夺目。"

只有谦虚的人才能得到智慧，才能从挫折和阻碍中找出成功的契机。

富兰克林曾被人称为"美国之父"。

少年时，他年轻气盛，走路常挺胸抬头，迈着大步。有一次，他到一位前辈家拜访，当他准备从小门进入时，因为小门低了些，他的头被狠狠地撞了一下。

出来迎接的前辈笑着说："很痛吧！可是，这将是你今天拜访我的最大收获。要想平安无事地生活在世上，就必须时时记得低头。这也是我要教你的，不要忘了谦虚！"

从此，富兰克林牢牢地记住这句话，并把"谦虚"列入人生的生活准则之中。

美国第三届总统托马斯·杰斐逊曾言："每个人都是你的老师。"他出身贵族，父亲曾经是军中的上将，母亲是名门之后。当时的贵族除发号施令以外，很少与平民百姓交往，他们看不起平民百姓。

然而，杰斐逊没有贵族阶层的恶习，他主动与各阶层人士交往。他的朋友中有社会名流，但更多的是普通的园丁、农民和贫穷的工人。他善于向各种人学习，懂得每个人都有自己的长处。

有一次，他和法国伟人拉法叶特说："你必须像我一样到民众家去走一走，看一看他们的菜碗，尝一尝他们吃的面包。只要你这样做了的话，你就会了解到民众不满的原因，并会懂得正在酝酿的法国革命的意义了。”

这样，他在密切群众关系的基础上，成长为一代伟人。

**给孩子的心灵启示**

谦逊基于力量，高傲基于无能。谦虚行事、尊重他人是一条十分重要的准则。谁遵循这一准则，谁将有众多的朋友并经常感到幸福；谁违反这条准则，谁就会遭受挫折。孩子们，遵守这条准则吧。

# 谦让者的奖赏



在一个小镇上，饥荒让所有贫困的家庭都面临着危机，因为对于他们来说，最起码的温饱问题都难以解决。

小镇上最富有的人要数面包师卡尔了，他是个好心人。为了帮助人们度过饥荒，他把小镇上最穷的20个孩子叫来，对他们说：“你们每一个人都可以从篮子里拿一块面包。以后你们每天都在这个时候来，我会一直为你们提供面包，直到你们平安地度过饥荒。”

那些饥饿的孩子争先恐后地去抢篮子里的面包，有的为了能得到一块大点的面包甚至大打出手。他们心里只想着要得到面包，当他们得到的时候，立刻狼吞虎咽地把面包吃完，甚至都没想到要感谢这个好心的面包师。

面包师注意到一个叫格雷奇的小女孩，她穿着破旧不堪的衣服，每次都在别人抢完以后，她才到篮子里去拿最后的一小块面包，她总会记得亲吻面包师的手，感谢他为自己提供食物，然后拿着它回家。

面包师想："她一定是回家和自己的家人一起分享那一小块面包，多么懂事的孩子呀！"第二天，那些孩子和昨天一样抢夺较大的面包，可怜的格雷奇最后只得到了昨天一半大小的面包，但她仍然很高兴。她亲吻了面包师的手后，拿着面包回家了。

小女孩的母亲刚从修道院回来，她看到小女孩拿回的面包，高兴极了。可是，当她把面包掰开的时候，一个闪耀着光芒的金币从面包里掉了出来。妈妈惊呆了，对格雷奇说："这肯定是面包师不小心掉进来的，赶快把它送回去吧。"

小女孩拿着金币来到了面包师家里，对他说："先生，我想您一定是不小心把金币掉进了面包里，幸运的是它并没有丢，而是在我的面包里，现在我把它给您送回来了。"

面包师微笑着说："不，孩子，我是故意把这块金币放进最小的面包里的。我并没有故意想要把它送给你，我希望最文雅的孩子能得到这块金币，是你选择了它，现在这块金币是属于你的了，算是对你的奖赏。希望你永远都能像现在这样知足、文雅地生活，用感恩的心去面对每一件事。回去告诉你的妈妈，这个金币是一个善良文雅的女孩应该得到的奖赏。"



### 给孩子的心灵启示

谦让是一种美德，也是人类文明礼貌的表现。无论你和同学、老师、同事甚至领导相处，还是在工作中、生活中与陌生人相处，都应该牢记：你有一份谦让，便是给自己增添了一份益处，让自己学会低头，你就会收获别人的尊敬和自己的成就。

# 谦虚忍让的人

小宋是名牌大学毕业的，在一家事业单位工作。单位里要写很多材料，她毕竟刚来，公文写作还不是很熟，于是每次写好后，她都要给同事老王看，待老王修改完，她再拿去请科长审阅。很快，小宋的材料越写越好，老王已经没有什么可以修改的了，可科长仍旧东涂西抹，不留情面。小宋虽有些不悦，但没说什么，依然是很谦虚地请科长批改。

老王愤愤不平，他认为科长的水平已修改不了小宋的文章了。老王揶揄道，他现在是科长，他当然能够修改科员的文章。小宋只是笑，显得不介意。有时被老王逼紧了，她也只是说，不就是改个材料吗，又不是修改我的人生。

由于小宋的谦虚勤奋或许还有才能，科长把小宋推荐给上级宣传部门，小宋升职了。

一天，上级要求科里写一个大材料，材料组织好后，科长让人先送到宣传部门说是请上级把关，两天后，小宋把材料修改好。这个材料得到了上级的好评。科长很满意，说小宋还真行，我没有看错人。小宋拿出钱来请大家吃饭，有人私下里对小宋说，你应该让科长请你吃饭才对，那文章是你写得好。小宋说，那怎么行，我会写材料是你们教的，我得感谢你们才对。我老爸在我参加工作时，送我四个字，第一感恩，第二宽容。学会了宽容，你就有可能反过来修改领导的文章；学不会宽容，你的文章就永远被领导修改。

小宋受到了苛责之后，并没有抱怨和指责科长的专制和挑剔，而是感激科长给自己带来的成长进步的机会。事实也证明了这一点，由于虚心，由于自省，由于感恩，她确实得到了能力和职位的提升。

### 给孩子的心灵启示

身在职场，与上下级和同事相处的时候，要互相理解，互相帮助；要多反思自己的不足，多感激别人的恩惠；少谈论别人的缺点，对矛盾不要老是耿耿于怀。如果能做到这些，同事之间的摩擦就会减少许多，工作就会更加和谐，生活也会更加温馨。正如法国启蒙思想家卢梭所说：“忍耐是痛苦的，但是，它的结果是甜蜜的。”

# 读书吧，少年！

**少年朋友：**

如果你想成为未来的科学家、文学家、企业家，有一个"智囊团"可以帮你！

如果你想成为未来的政治家、军事家，实现人生的远大目标与梦想，也有一个"智囊团"可以帮你。

那么，这个"智囊团"是谁呢？

其实，"它"就在你的身边，它的名字叫"图书"。

少年朋友，请你读书吧！请与神奇的"智囊团"交朋友，它会给你知识，给你力量，给你在成才之路上所需要的一切。

世界上公认最爱读书的国家是以色列。以色列人均每年读书 64 本。而占以色列全国人口 80% 以上的犹太人，人均每年读书甚至达到 68 本之多。犹太人有个习俗，当孩子出生时，母亲就会翻开《圣经》，滴上一滴蜂蜜，让小孩去舔，通过这一舔，让孩子对书产生美好的第一印象：书是甜的。当孩子稍稍懂事时，几乎每一个母亲都会问这样一个问题："假如有一天家里突然失火，你首先会抢救什么？"当孩子回答是钱或钻石时，母亲会严肃地告诉他："这些都不重要，你首先应该抢救的是书！书里藏着的是智慧，这要比钱或钻石贵重得多，而且智慧是任何人都抢不走的。"

读书可以让你们增加知识、开阔眼界，可以使你们在知识的天空中翱翔。

读书可以让你们增长智慧和勇气，可以使你们打开人类智慧的宝库，点亮一盏人性的心灯，吹响德与智的号角，保持前行的勇气和精神力量。

读书可以让你们增加人生乐趣，创造美好生活。书籍可以使人跨越世俗的藩篱，睁开蒙昧的眼睛，打开紧闭的心门，走向光明的未来。

少年朋友们，让我们亲近书籍，多多地读书吧。让我们一起感受书籍带来的智慧，在阅读中快乐、幸福地成长。